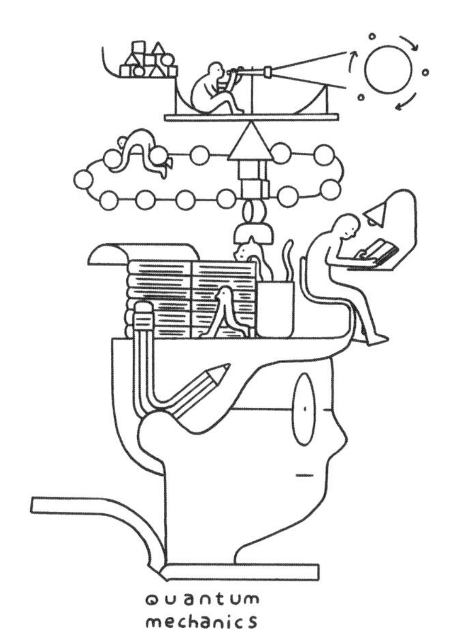

12歳の少年が書いた

量子力学の教科書

近藤龍一
RYUICHI KONDO

はじめに

量子力学を研究しようとしたときに困ったことは、理論物理、とりわけ量子力学の本は入門書と専門書との差が激しいことであった。

量子力学の本というだけで山ほどあるわけだが、その中身といえばほとんどが、簡略な文章と平易な図による“入門書”と、難解な文章と大量の数式による“専門書”に二分されているのが現状である。

この二つは当然どちらも必要だが、入門書と専門書の間に何かもう一つ必要なのだ。つまり、入門書で大筋をつかんだ上で、専門書に移行するための足掛かりになる“中間書”が要る。

“中間書”とは、入門書より高度でありながらも読み易く、物理的イメージや因果関係に重点を置き、数式はあってもそれは「使う」ためではなく「理解する」ために存在し、数式に慣れつつテーマを概観できるような本であることが理想だが、問題はこれが少ないことである。

入門書から専門書への移行が難しいことは、実際の本を見ればよく分かる。極端な話、「前者易し過ぎ、後者難し過ぎ」というわけである。

中間書が少ないことで負担となるのは講義がいまいち分からない理工系の学生であるのは勿論、一番負担なのは入門書と専門書を行ったり来たりしてその分時間が無駄になる上、その挙句、分からないで終わってしまっても質問して解決してくれる人を持てない私のような独学者である。

では何故中間書が少ないかというと、中間書の先駆けである『物理数学の直観的方法』（これは名著である！）の序文によれば、数式の（というより物理の）厳密性を犠牲にしなくてはならないから、とのことである。これは数式を厳密にしようとした結果であるが、中間書ではこれを噛み砕いて説明しなくてはならないから、書き手はどうしても式を簡単にしたり、理論の説明を多少不正確にしたりしなくてはならなくなる。

つまり、分かり易さと厳密性は反比例することになる（その極限が入門書になる）。純粋に数学の問題であれば仕方ないが、物理は科学であるわけだから（ファインマンが言うように、数学の問題の真偽を確かめるのは実験でないという点で、数学は科学ではない）、学び始めのころは特に物理的イメージの理解の方が厳密性より先行すべきであるはずだ。そうはいってもやはり「うっかりしたことを書くと同僚の目が恐ろしい」というのが問題のようである。更には、専門書より中間書の方が「創意を要する」にも関わらず「ほとんど評価されない」らしいのだ。

さて、私が「量子力学を自分のものにしてやろう」と決意したのは9歳のときだが、この頃私は物理だけでなく様々な学問に興味があったので、本を大量に読み漁っていた。加えて私は幼年時代から自分の得た知識を他人に教えるのが好きだった。こうした読書好きと説明好きが高じて、次第に自分の本を書いてみたくなったというわけだ。

この本の執筆に着手したのは2014年の2月5日（中学受験の2日後である）だったが、基本的な構想は2013年のうちに出来ていた。

だが、書き始めのころの目下の問題はこの本のレベルをどうするか、ということだった。専門書を書くのはどうやっても無理なのは承知していたが、単なる入門書で終わらせるのも平凡過ぎて勿体ないと思ったのだ（12歳だから所詮はこんなものだ、というようには思われたくなかった、というのもある）。

そこで、どうせなら中間書、特に独学をしていたときにこんな本があれば、と考えていた理想像にできるだけ近づけたものにしようと考えたのである。

こうして量子力学の“中間書”を目指して7ヶ月と8日（220日）、執筆に尽力した結果この本が出来上がったが、当然ながらこれは初稿そのまま、というわけではない。校正の段階で明らかに不適当であると判断される解釈等は勿論修正し、また補った方が良いような所や分かりにくいような所も同様に加筆修正されている。

本書の特徴としていえることはいくつかあるが、その中の主要なものを挙げるとすれば、次の4つである。

先ず、これは『物理数学の直観的方法』の中でも述べられていることと同じなのでここから引用するが、「一般読者から見れば専門的であり過ぎるが専門家の目からすれば簡略に過ぎるという、一見中途半端な本」ということである。これは数式の量に関しても同じことがいえる。つまり、一般読者から見れば多過ぎるが、専門家から見れば少な過ぎる、ということである。こうした数式が出て来たら、前後の説明や式変形がどのように展開されていっているのか考え、その式がいっている内容を大雑把でよいので理解して頂きたい。そうして数式に慣れていくことで、専門書に移行したときの負担をできるだけ軽くしようというわけである。

次に、量子力学の成り立つ過程や背景を重視する発展史の形式をとることである。多くの天才のアプローチから理論完成に至る道を辿り、天才の独特な思考法を知ることで、自分自身の物理的センスを高めることにつながるはずだ（更に、ただ物理だけでは息が詰まるので、そこに落ち着きを与える効果も期待できる）。

そして、書き上がった後気付いたことで、本来は意図していなかったことであったが、本書は中間書と入門書が同居しているらしいということである。

つまり、量子力学を知らないという読者も、数式を飛ばして読むことで概要を理解することができるのだ（それでも、できるだけ数式に目を通して、理解に努めて頂きたい）。これは、従来の本の中でも稀な性質ではないかと思う。これが実現できたのは、やはり量子力学の前に量子とは何か、量子力学とは何かということから始める等、様々な基本概念を大事にしたからであろう。中間書や専門書の多くはこうした事柄を既知のものとして捉え、数式の展開を重視する。然し、私は数式の展開も大事だが、それ以上にそれが何を意味しているかを考えることが大事だと考えている。そのためには、基本概念を専門書に入る前に、再度確認しなくてはならないと思うのだ。それでも、数式の本質を探るという意味で、式の導出はできる限り省かないよう努めた。

そして本書は、ほとんど図を使っていない。それでは入門書とはいえないではないか、と仰る方もおられるだろうが、私は、理学書というものはただ読むだけのものにしてはいけないと思っている。紙とペンを持って、自分なりに内容を整理しながら読み進めなくてはならない。そこですべきは、自分なりの図を描いてみることである。そうすることで、より自分のものとして定着し、理解も深まるはずである（その図が適切かどうかは他の本を見れば良い。とにかく中間書とは理解を徹底させる場であって、専門書への訓練のようなものなのだ)。

それから断わっておくが、この本の題名は出版社が決めたもので、私が決めたものではない。だから、“教科書”等のネーミングにはあまり気にしないで頂きたい。

自分なりの“中間書”を目指してできる限りのことはしたつもりだが、何しろ本を書くという以前に、こうした専門的な文章を書くのは初めてで、私自身未だ勉強中の身である。更に年齢を考えれば業界最年少ということで前例がないため、どういう影響が出るのかは誰にも分からない。然し、私としては少しでも量子力学への興味を持って頂けるように、少しでも量子力学のより良い理解につながるようにと精一杯最善を尽くしたつもりである。そうは言っても、ここでの全ては私の独学に負っているため、自己流の解釈も少なくない。こういうわけであるから、説明があやふやだったり、間違えて解釈している等至らない点もあるかもしれないが、建設的批判は大歓迎だ。宜しければ、更なる執筆技術向上のためにご教示願えれば幸いである。

目次

第2章 前期量子論 〜古典力学の破綻〜

第4章　内在的矛盾と解釈問題
～量子力学は正しいか？～

第0章

量子力学とは何か

～最も基本的な事柄～

量子力学とは何か

或る未知の学問領域に進入しようという時、その如何を問わず、最初に為すべきことは、その学問領域がどういうものか知ることである。つまり、それが一体何で、何処の、いつの時代の、どのような状況において発生した代物か、ということだ。

これは、戦術についても同じことがいえる。そのことは、『孫子』の有名な一節の一つ、「知彼知己者、百戰不殆」、即ち「彼を知り己を知れば、百戦して殆（あや）うからず」に現れている。というわけで我々が、量子力学という「敵」を攻略するに当たり最初に為すべき最も基本的事柄は「量子力学とは何か」ということであるから、本論へ進む前に、ここを説明しておきたい。

然し量子力学というが、「量子」とは一体何なのか。先ずはそこから出発して、これを本書における量子力学物語への序曲とする。

量子とは、「或る単位量の整数倍の値しかとらない量について、その単位量」などと定義されている。当然間違ってはいないのだが、この分野に入って間もない初心の人々にとって、これは不親切極まる。

序文でも述べた通り、本書はほぼ厳密性を考慮していないため、ここでも正確さよりも読者の方の理解を優先して、量子をざっくりと「一定量を持った物理量の最小基準」（「物理量」とは、数値と単位のセットで表される量の総称である）と考える。

つまり量子とは最小単位のようなものであると考えて差し支えない。

これから先、量子力学を学ぶに当たり「光量子」や「エネルギー量子」といった単語が出現するが、これらはそれぞれ「光の最小単位」、「エネルギーの最小単位」という意味である。「最小単位」なので、量子という名の物体（物質）はない。これは「物体」という名の「物体」が存在しないことと同じ理由で、量子は物理量を区別するための「基準」でしかないのである。

勿論、最小基準というわけだから、量子に含まれるのは極めて小さい物理量である。この「極めて小さい」というのは塵や埃のようなレベルではなく、原子や原子核、電子、陽子、中間子、光子、陽電子、ニュートリノ等のレベルである。この意味で、量子は「万物の根源」と形容しても良いであろう。

この中に挙げた原子については、「地球と林檎の大きさの比は、林檎とその林檎の中に在る原子の大きさの比とほぼ等しくなる」（地球をE、林檎をA、原子をaとすると、$E:A \approx A:a$）というほど小さいにも関わらず、先ほど挙げた量子の種類の中では、原子が最大の大きさなのだ（場合にもよるが、実際の原子半径はおおよそ10^{-10}m＝1Å、即ち100億分の1m）。

先ほど述べた正確な定義については、もう少し本格的に学んだら戻ってこようと思っている。そのころにはこれの意味する所が理解できるはずである。

我々の生活している巨視的世界、即ち目に見える世界を**マクロの世界**というのだが、これに対し、量子の振る舞う微視的極小世界、即ち目に見えない（肉眼という意味で）世界を**ミクロの世界**という。

さて、ミクロの世界のスケール感が大体つかめたところで、主題の「量子力学とは何か」に移る。**量子力学**は文字通り量子の力学ということで、ミクロの世界を支配する力学、つまり量子の振る舞いやその物理学的性質を論じ、数学的・哲学的考察をしてゆくことによりミクロの世界を究明しようという学問である。

マクロの世界を支配する力学は、量子力学成立以前には単に**力学**と呼ばれていたのだが、現在はこれを古い「力学」と捉えて**古典力学**と呼んでいる。これは単に力学だけでなく、古典電磁気学、古典熱力学、そして相対論までを含めた極めて広義のいい方で、こうしたものを除くならば、狭義に**ニュートン力学**と呼ぶ。

一般に、物理学の分野は数学的記述を行なうため、分野別にそれぞれその基礎となる方程式が存在する。これは**基礎方程式**或いは**支配方程式**と呼ばれ、各物理分野の攻略には、基礎方程式の物理学的理解が必須となる。

例えばニュートン力学の基礎方程式は

$$\boldsymbol{F} = m\frac{d\boldsymbol{v}}{dt} = m\frac{d^2\boldsymbol{r}}{dt^2} = m\boldsymbol{a} \tag{0.1}$$

という速度 $\boldsymbol{v}$ について１階、位置ベクトル $\boldsymbol{r}$ について２階の微分方程式（$\boldsymbol{v}$ について１階の導関数、$\boldsymbol{r}$ について２階の導関数を含む）で、**ニュートンの運動方程式**として知られる。ここで、$\boldsymbol{F}$ は力、

m は質量、$\boldsymbol{v}$ は速度、t は時間、$\boldsymbol{r}$ は位置ベクトル、$\boldsymbol{a}$ は加速度である（慣例に従い、ベクトルは基本的に太字で表す）。

ニュートンの運動方程式（古典力学の基礎方程式）

$$\boldsymbol{F}=m\frac{d\boldsymbol{v}}{dt}=m\frac{d^2\boldsymbol{r}}{dt^2}=m\boldsymbol{a}$$

これの発見者（記述者）である**サー・アイザック・ニュートン**自身は主著『**自然哲学の数学的諸原理**』、通称『**プリンキピア**』の中で次のような説明を与えた。

「運動の変化は、及ぼされる起動力（加速度）に比例し、その力（加速度）が及ぼされる直線の方向に行なわれる。」

ニュートン力学系（ニュートン力学が有効な空間）では、何らかの力を受けたとき物体の位置がどのように変化するかというのは、この微分方程式を解くことで決定できる。

我々はニュートン力学系の下に生活しているので、我々の目に見えるほとんどの物体が（0.1）式（これは数式番号といい、数式の繰り返しを避けるため多くの理学書で用いられる。最初の数字が節番号、次の数字がその節の何番目の数式かを示す）に従って運動しているといえる。

一方、量子力学の基礎方程式を**シュレーディンガー方程式**といい、

$$i\hbar\frac{\partial}{\partial t}\psi=-\frac{\hbar^2}{2m}\cdot\frac{\partial^2}{\partial x^2}\psi+V\psi \qquad (0.2)$$

という、時間 t について 1 階、位置座標 x について 2 階の微分方程

式で表される（この方程式の構造については第３章Ⅸで扱うので、そこで詳解しよう）。

よって、量子を「シュレーディンガー方程式に従う物理量」としても間違いではない（然し、これは相対論を考慮していない。量子が相対論の影響を受けるときは、また別の方程式が必要である）。

基礎方程式が大きく異なっている時点で自明であるが、ミクロの世界で発生する物理現象は、マクロの世界で発生するそれとでは大きく異なる。

例えば、マクロの世界では、物体、例えば机の上のペンを床に落とせば必ず床に落ちる。

更に、硬貨を投げた時、表が出る確率は$\frac{1}{2}$、裏が出る確率も$\frac{1}{2}$、和の法則により合計１で、硬貨には表と裏という２つの状態があり、どちらか一方の状態を必ずとる。これらのことは欠伸（あくび）が出るほど退屈な事実だが、ミクロの世界では、こういうことが成立しない。

ミクロの世界ではペンを床に落としても、必ず床に落ちるとは限らない。空中で止まっているか、床をつき抜けるかもしれない。硬貨を投げて表になる確率は$\frac{1}{2}$にはならず、裏も同様で、硬貨は表と裏の状態を同時にとることができる。入門書などでは、「誰も月を見ていない時、月が様々な場所にある」というような表現をよく目にする。

無論、ここでの話は全て、ペンや硬貨や月がもしミクロの物体であったら、という仮定に基づいて為されている。実際にはこれらはマクロの物体なので、こうしたミクロの現象が起こる確率は大変低い（が0ではない）。

何故このような事態が発生してしまうかについては後述するが、マクロの世界とミクロの世界の境界がどこにあるのかと論じることは全く意味がない。結局は扱う物体の大きさと量子力学特有のミステリー性が概(おおむ)ね反比例の関係にあるというだけのことである（量子力学を学んでいくと次第に分かってくるがニュートン力学というのは量子力学の「近似計算」に過ぎない）。

それから、量子力学は、このように大変不可思議で、常識を超越する学問分野である。それ故、全体像のイメージ化は非常に難しく、比喩も役に立たないときがある。更には、量子力学の歴史的発展は極めて速く、これらの議論に用いる概念は多種多様である。その説明に多大な時間と労力が要求されるのは言うまでもない（現在の物理学上の諸概念は、全て「今のところ正しい」としか言うことができない。相対論や量子力学がまさしくそうであったように、1つの何でもなさそうな実験が、いつ我々の常識をひっくり返してもおかしくない。物理学は常に、そういう危険にさらされている学問なのだ）。

例えば、アメリカの理論物理学者、**リチャード・フィリップス・ファインマン**の教科書『**ファインマン物理学**』第5巻「量子力学」には、次のようなことが書かれている。

「実際、それ（量子力学）はミステリー以外の何ものでもない。

その考え方がうまくゆく理由を“説明する”ことにより、そのミステリーをなくしてしまうことはできない。ただ、その考え方がどのようにうまくゆくかを述べるだけである。それがどのようにうまい具合にゆくかを説明することにより、量子力学全体の基本的な特異性を諸君に示そうというわけである。」

これは量子力学という分野でしかあり得ない重大な特徴をいっている。理科教育において、小学生・中学生、恐らく高校生も、理科では「何故～なのか？」を重視せよ、と理科の教員から言われる。

だが、量子力学では或るところまで来ると、急に現象が何故起こるのかという理由を説明することが完全にできなくなってしまう。

量子力学では、現象が「～のようにうまくいく」と説明するが、何故その現象が発生するのかについては説明できないときがある。しないのではなく、できないのである（何故そういうジレンマに陥るのかは後々見ていくことになるであろうが、特にそれは電子の「二重スリット実験」で顕著に現れる。これは第２章Ⅶで詳説する）。

気持ち悪いと思われるかもしれないが、これは学生であろうとノーベル賞受賞者であろうと変わらない事実である。つまり、「誰も量子力学は完全には理解できない」というわけだ。これについてはファインマンも同様のことを言っている。

では、どうすれば良いのか。今後量子力学を学んでいくと常に直面することだが、量子力学ではっきり確かだといえるのは数式による記述だけである。これはもうほぼ疑いないと考えて良い。だが、それの意味付け（解釈）が問題なのである。

量子力学では、分からないものは「分からない」として理解するしかないのだ。非常に気味悪いことではあるが、これがマクロとミクロという２つの世界の差なのである（例えば、我々が仮にミクロの世界の住人であったなら、ニュートン力学とは一体何なのだ、と苦しむに違いない）。こういうわけで、どうにかして常識と少しでも妥協できる解釈を求めて、現在でも**解釈問題**が根強く残っている。これについては、「分からない」ことが「分かる」というものの中に含まれることがあるのだと理解するしかない。ソクラテスの「無知の知」と同じ理屈である（ソクラテスは「私は私が何も知らないということを知っている」と言った）。必ずしも、「完全な理解」と「分かっていること」は等しくはならないということであろう。

こういうわけであるから、物理学者の中には量子力学の解釈の困難性について、あらゆる実用的な面で見たときに、量子力学はうまくいっているから、それ以上の追究をする必要はない、というような立場をとっている人も少なくない。解釈問題が一般的な量子力学の教科書にはほとんど書かれていないのはこれが理由のようである。

それでは、量子力学を学ぶ意義は何であろうか。

量子力学の始まりは万物の根源は何か、ということを見出すことであったが、現在では工学的応用から、最先端物理の基礎として必須である。

後者は後述するので前者について説明する。一ついえるのは、量子力学抜きに我々の現在の暮らしは成り立たないということである。例えば、ごく小さな板に大量のトランジスタやダイオードを組み込んだ集積回路、即ち IC は量子力学の原理で作動するので、コンピュータやスマートフォンを含む全ての電子機器は量子力学の産物である。また、電子制御に頼る電車や自動車も量子力学の恩恵を受けている。まだまだ応用例は数多く存在するが、とにかく、量子力学は我々の生活基盤に関わる極めて重要な学問分野なのである。

確かに、量子力学は難しい。然し、だからこそやり甲斐もある。ここで、フランスの理論物理学者、ルイ・ド・ブロイが自著『**物質と光**』で述べている言葉でこの序論を終えたい。

「というのは、この研究から得られる印象が慰安と激励とをもたらすからである。まことに人知は、それに対して物質的生活のさまざまな条件が多くの障害や困難を積み上げるにも関わらず、勝利を重ねて長い登り路を続けるものである。丁度スポーツの練習が運動家の手足を柔軟にして今後の勝利に資するように、知識と理解を深めようとする人間の努力は、その精神を柔軟にして翌日の進歩に適(かな)うものとする。そこで我々の知識の数と我々の考え方の細かさは時とともに増し、各時代の人々は前時代の得た結果に頼りつつ、更に絶えずこれを超越する。しかしそれによって初めて進歩が可能になるのである。」

第Ⅰ章

万物の根源

～量子力学の誕生～

創世記

I　天地創造

「元始に神天地を創造たまへり。地は定形なく曠空くして黒暗淵の面にあり神の靈水の面を覆たりき。神「光あれ」と言ひたまひければ光ありき。神光を善と觀たまへり。神光と暗を分ちたまへり。神光を晝と名付け暗を夜と名けたまへり。斯して夕あり朝ありき。是首の日なり。……斯天地および其衆群悉く成ぬ。第七日目に神其の造りたる工を竣たまへり。即ち其造りたる工を竣て七日に安息たまへり。神七日を祝して之を神聖めたまへり。其は神其創造爲たまへる工を盡く竣へて是日に安息たまひたればなり。神天と地を造りたまへる日に天地の創造られたる其由來は是なり。……」

初っ端から長々と妙な文章を引用してきて一体何のつもりだ、と仰るかもしれない。引用文は、『旧約聖書』所収「創世記」第１章第１節〜第５節及び第２章第１節〜第４節の有名な文章である。

科学の本に宗教の本を持ち出すのは当然理由があるわけだが、その理由を述べる前に一つ二つ断っておくことがある。先ず、私はユダヤ教徒、キリスト教徒、イスラム教徒（この３宗教を挙げたのは前掲の旧約聖書がこれらに共通する教典であるからで、他意は無い）のいずれでもない無神論者であるということだ。次に、この本に少々旧約聖書の話が出ただけでいわゆる「トンデモ本」であるという誤解をしないで頂きたい。無論量子力学と聖書には特筆すべき共通点は発見されていないので、量子力学とは直接・間接を問わず全く関係無いといっておく。

では何故ここで「創世記」を引用したのか、という話だが、旧約聖書が「創世記」を含んでいる（旧約聖書の著作者が「創世記」を含ませた）理由を考えて頂きたい。旧約聖書は宗教の教典なので、そこには宗教の基礎となる教義が書かれているが、その中の最初に世界の誕生の経緯が語られている理由は何か、ということである。その答えは、創世記の一番最初に書かれている（但し、この「答え」は宗教学には全くの素人が解釈したものなので、あくまで一見解であることをご理解願いたい）。

それは「〈神〉がこの世界と万物を創造した」ということではないだろうか。つまり、創世記は我々人間を含むあらゆる万物と、この世界、ひいては宇宙を創造したのが他ならぬ「神」という存在であることを初めに示し、「神」への畏敬の念を信仰者に植え付けさせるために書かれたのではないか、という解釈である（神の存在の是非、この解釈の真偽は別として）。

ならば本書もこれにならって、量子力学という学問の創世記をここに示そう。畏敬の念というのは少々不適切かもしれないが、この学問分野の存在理由を最初に掲げておく必要があると思うのだ。

2　万物の根源は何か？

多くの量子力学の本は、この学問分野の成立を「1900年」や「1926年」であるとか、抽象的に「比較的最近のこと」などと語る。このように類書により成立年代の表記が異なるのは当然理由がある。これはどれが正しく、またどれが誤っている、というのではなく、鎌倉幕府の成立年代が歴史学者によって主に6説が主張されているように、一体いつを量子力学の成立年代というべきか、科学史家の間でも見解が異なるのだ。

例えば1900年というのは同年4月、ケルヴィン卿による、通称「二つの暗雲」と呼ばれる講演が行なわれたとき、或いは（これが最も一般的であるが）同年10月、マックス・プランクによる「プランクの法則」が提出された時、または同年12月、やはりマックス・プランクによる「エネルギー量子仮説」が提出された時という事柄に基づく。

また1926年というのは序論でも一度出している量子力学の基礎方程式、シュレーディンガー方程式が導かれた年で、これを量子力学の成立とする本も少なくない。少々議論を試みるならば、1926年の方は基礎方程式が導かれ、新たな物理分野として成立し定式化された、という点で説得力があるだろう。その意味でこれはよく「量子力学」の成立年代といわれる。

では1900年の方はどうか。ケルヴィン卿の講演を境に成立を語る書物は少数派である。然し、プランクの法則とプランクのエネルギー量子仮説（後述）によって序論で述べた「量子」の概念が必要になったので、真の「量子」の誕生としてほとんどの本がこれを成立年代に挙げている。だが、この時点では量子力学の核を成す基礎方程式が存在しなかったため、「量子論」の成立年代といわれる。

こうしたことから分かるように、現代から量子力学の誕生は、100 年経つか経たないか、という位つい最近の出来事なのだ。このことを表すために「比較的最近のこと」などという表記の本も多いが、私のように細かい性格の人間にしてみれば少々不親切である。

少し気になったのでここで脱線するが、一般の理学書であっても「量子力学」「量子論」「量子物理学」という 3 通りの量子○○という表記が混在していることがあるので、これらの違いをここではっきりさせておきたい。

先ず「量子物理学」についてだが、量子力学の成長は極めて速く、化学、生物学、工学等、多種多様な他分野と交じり合い、量子力学自身も量子電磁力学、量子色力学、素粒子物理学と進化を続け、現在もその進化は最先端物理学として続いている。これらの量子力学から生み出された諸分野を総称して**量子物理学**と呼んでいる（量子化学や量子生物学はそれぞれ化学、生物学になるのでもはや物理学とは呼べないかもしれないが）。

次に**量子論**だが、これは主に量子に関わる哲学的議論を中心とした「考え方」や「思想」である。だから「論」と付いている。その真骨頂は、異端の物理学者デヴィッド・ボームの『**量子論**』によく現れている（当然だが、単に量子力学から数学を抜き取った、という訳ではない)。

そして**量子力学**というのは数学的操作と哲学的議論を組み合わせることによってミクロの世界を物理学によって定式化する、というものである。ということで、以降、特に断りのない限りは「量子力学」を用いる。

さて、量子力学の成立年代だが、本書ではあえて1900年でも1926年でもなく、本当の原点を辿るべく、紀元前に遡る。何故そこまでするのか、というとこれは量子力学の「創世記」であるから、そう簡単に終わらせては面白くないと思ったからだ。

量子とは序論で述べた通り「万物の根源」である。これを疑問文に書き換えると、「万物の根源は何か？」となる。ではこの問いが発せられたのはいつなのか、そう考えると、現代から約2300年前の古代ギリシャなのである。ということで、この長い道のりを掻い摘んで明らかにしてゆく。

マックス・プランクにより引き起こされた物理学的諸概念の大変革たる量子革命に、相当の準備期間があったというのは前述の通りである。この長き道のりは、紀元前580年頃の古代ギリシャの植民都市、小アジア西海岸のイオニア地方（現、トルコ共和国）において、ミレトス学派の始祖**タレス**が、「万物の根源は何か」という問いに「万物の根源は水である」と答えたことに端を発する。

彼はその理由として、当時知られていた物質の中で、最も大量に存在するためという説明を与えた。彼は地球は半球の空を頂く円板で、無限大の大洋上に横たわっているものと考えたのだった。更に彼は説を進め、「現在水には見えない固体や気体もかつては水だったのであり、何らかの作用により別の形をとるに至った」という「物質の三態」の原形になるような考えに到達していた。

諸説あるが、一般にこれが現在知られている最古の哲学的、または科学的な問題である、とされている。アリストテレスはタレスを評し、「哲学の創始者」と言った。

タレスは水を自然の第1原理、即ち元素である、とした（当時の「元素」は現代の一般化学における定義と少々定義が異なっている。当時は元素を「万物の根源」と定義していた。そこで、本節においては、誤解を避けるため「万物の根源」と元素は同じ意味として扱う）。

現代科学から見れば、この主張は馬鹿げている。だが、これが提唱されたのは紀元前6世紀の後半、紀元前580年（頃）のことである。この時代の、特に古代ギリシャ世界といえば、自然現象の全てを「神の所為（しょい）」（古代ギリシャ人の神は、オリンポス12神という、ギリシャ神話の神々である。旧約聖書のそれではない）で片付けた、神話に支配された世界である。不思議な自然現象（例えば、雷、地震、暴風雨、日食等）が発生しても、それらはあくまで、「神の所為」であるとされ、一切の哲学的および科学的追究はなされなかった。その中、このタレスは、この世界は「苦労して適切に観察しさえすれば理解できるもの」であり、「神の所為」などではない、ということを知っていた。少なくとも彼は、現在知られている限り、神話に囲まれた世界で初めて神話から脱し、この世界を一定の法則で動く複雑な機械と考えて、その謎を解き明かそうとした、我々の知る限り最初の人類である。

これは、今日、この現代文明に至るまでの基本的な「科学者の態度」に他ならない。科学者の第一条件は、エルヴィン・シュレーディンガー的に言えば、「好奇心を持ち、物事に驚き、それを解き明かしたいと思うこと」である。従って彼は、「人類初の科学者」ということになる。当然、人類初の科学者の影響は大きく、多くの学派を生むに至った。

3　空気か火か、はたまたエーテルか？

タレスによる「全ての物質のもとになる、基本元素が存在する」という考えは支持されたが、その元素が水である、という考えはあまり支持されなかった。

この当時の古代ギリシャ人にとって、真空、即ち何もない虚無の空間という概念は理解できなかったので、彼らは地球と遠い空（宇宙という概念もなかった）との間は、空気が満たされていると仮定した。

何故なら、彼らにとって経験できるあらゆる空間には、空気が含まれていたからである。これを考えるならば、水より大量に存在しているのは空気ということになる。この仮定により、イオニア学派の**アナクシメネス**は、「万物の根源は空気である」と結論付けた。タレスの考えから約１世紀後のことである。

アナクシメネスとは逆に、同じくイオニア学派（特定の学派には属さなかったという説もある）の**ヘラクレイトス**は、「変化」ということを重視して、当時知られている限り最も特徴的であった「火」を万物の根源に選んだ。

こうして万物の根源に関する議論が続くのであるが、やはりイオニア学派の**アナクサゴラス**の頃になると、元素が１個ではなく複数であったとしても問題はない、という仮定が為されるようになった。

そこで、アナクサゴラスはタレス、アナクシメネス、ヘラクレイトスの三者と彼自身の考えをまとめ、次のような説を展開した。

「万物の根源は空気と火であるが、これらが変化することにより水と土になる」。これは、エレア派の**エンペドクレス**に受け継がれることになる。

エンペドクレスは、「万物の根源は水・空気・火・土であり、愛・憎によって結合・分解する」と考えた。これを**四元素説**という。

これは、ペリパトス派（逍遙（しょうよう）学派）の万学の祖、**アリストテレス**に支持されたので、決定的なものとなった（逍遙とは散歩のことである。アリストテレスは散歩をしながら講義を行なったので、逍遙学派と呼ばれるようになったといわれている）。

ところが、アリストテレスは天体も研究対象であった。当時は重力という概念は存在していなかったので、彼はあらゆる天体が上昇も落下もしないことに疑問を抱き、天体は５番目の元素からできていると推測した。彼はこれを**エーテル**と呼んだ。

彼には天体は不変なもののように思われたので、エーテルこそ永遠かつ完全で、腐敗しないものとし、他の四元素は不完全なものであると定義した。

但しこれが信じられたのは、1572 年に**ティコ・ブラーエ**が超新星を観測したときまでであった。これにより天体が永久不変であるというアリストテレスの説は覆ることになった。

然し 18 ～ 19 世紀になると、光の正体が電磁波と考えられるようになった。その媒質として再び「エーテル」という名が使われたが、アインシュタインの**特殊相対性理論**によってこれもまた放棄された。

4　アトモスの考え

さて、紀元前 5 世紀頃、唯物論哲学者**レウキッポス**は、現在知られている限り、どれ程小さな物体の一片であっても、更に小さい破片に無限小に分割できるという仮定に疑問を持った最初の哲学者である。彼は、これ以上は縮小も分割もできない物質があると考えた。

この考えにより、レウキッポスは、ミクロの学問領域に初めて足を踏み入れた人物ということになる。

この話を聞いた唯物論哲学者、アブデラの**デモクリトス**は、その分割できない小片を、「切り離せない」または「分割できない」という意味で**アトモス**と名付けた。つまり彼は理論素粒子の概念を、この古代ギリシャの時代に持っていたのである。

タレスの「水」の話は「人類初の科学的考察」ということで称賛に値するが、この時代に理論素粒子の概念が存在し得たという事実は、驚嘆以外の何物でもない。

理論素粒子「アトモス」は、デモクリトスの仮定に過ぎないが、この時代に、目に見えず、触れることができない物質（空気は考えない）を仮定できるということが凄いのである。

我々は現代科学について少々知っているから、素粒子がどれほど小さいか知っている（或いは、知っていると思っている）。その大きさは、素粒子によるのだが、平均して1fm（フェムトメートル）位（$1\mathrm{fm}=10^{-15}\mathrm{m}$）である。だからこそ、このミクロの領域によくぞこの時代に踏み入った、と我々は感嘆するわけであるが、古代ギリシャの人々は恐らくそこまで小さくなるとは考えていなかったはずだ。そのためか、物体（物質）の一片を更に小さい一片に無限小に分割できないのは逆説的であるということで、デモクリトスの考えは批判され、支持されなかった（特に、アリストテレスが批判したことが傷手であった）。

そのため、デモクリトスの考えは約2000年間、ほとんど話題にもされなかった。但し、デモクリトスの理論はローマに伝わり、やはり唯物論哲学者、**ルクレティウス・カルス**は紀元前1世紀頃、**『事物の本性について』**という6巻7400行から成る六歩格詩を著し、これが完全な形で残っているため、我々にデモクリトスの考えがこの時代にあったことを伝えたのである。然しデモクリトスの考えは無神論につながるとされ、ほとんど忘れ去られることとなる。

5　原子論の復活

その忘れ去られていたデモクリトスの教えを蘇らせたのは、イギリスの化学者、**ジョン・ドルトン**である。

ドルトンは 1802 年、フランスの化学者、**ジョゼフ・プルースト**による、同一化合物は同一元素を同比率で含む、という**定比例の法則**から、2 元素が化合し、2 種以上の化合物を作るとき、一方の一定量の元素と化合するもう一方の元素の重量は簡単な整数比を示す、という**倍数比例の法則**を導いた。

これらについて簡単な実例を示そうと思う。例えば、定比例の法則だが、単体である炭素と、同じく単体である酸素を化学反応させると、化合物である一酸化炭素が生じる。ここで、炭素と酸素の原子量はそれぞれ 12 と 16 であり、一酸化炭素の分子量は 28 であるとする。また、炭素と酸素の比は 12：16 で、この和は 28 である。また、これは一酸化炭素の分子量に等しく、この化学反応において一酸化炭素は炭素と酸素を同比率で含有している。よって、この条件では定比例の法則が成立している。

次に、倍数比例の法則だが、これも炭素と酸素を例に、考えてみたいと思う。

一酸化炭素と二酸化炭素の質量をそれぞれ 28g と 44g とし、それぞれ同量の炭素 12g が含まれていると仮定する。この仮定により、一酸化炭素と二酸化炭素のそれぞれに含まれる酸素の質量は 28－12＝16 と 44－12＝32 で、それぞれ 16g と 32g である。この比率は、16：32＝1：2 となるから、この条件下では、倍数比例の法則が成立している。倍数比例の法則において、分割できない粒子を原子と仮定するなら、一酸化炭素は炭素原子 1 個と酸素原子 1 個が結合した化合物で、二酸化炭素は炭素原子 1 個と酸素原子 2 個が結合した化合物ということになる。原子は化学変化でそれ以上分割できない粒子であるから、炭素原子 1 個に対し、酸素原子が非整数個結合することは無い。従って、原子の仮定を持ち出せば、倍数比例の法則がうまく説明できることになる。

ドルトンは、多くの化学反応においてこれが成立することを確認した上で、これを 1803 年に発表し、著書『**化学哲学の新体系**』で原子の教えによる新たな化学を展開して、ここで物体を構成する最小単位を**原子**（アトモス）と呼ぶことで、彼の理論の原点がアブデラのデモクリトスにあると認めた（この当時においては、まだ原子の構成について知られておらず、原子は素粒子と考えていたので、この議論においては原子 ＝ アトモスとする）。原子論の復活である。

この点において、デモクリトスは勝利したかのように見える。だが、ドルトンの原子論には一つ問題があった。原子だけを問題にすると辻褄が合わなくなってしまうのだ。

例えば、よく知られているように、水の化学式は H_2O である。では、これを事実と認めて議論しよう。H_2O は水が水素原子 2 個と酸素原子 1 個が結合しているということを示しているが、ドルトンの原子論では、水の化学式は H_2O ではなく HO になってしまう。では何故、現代の化学式 H_2O は正しいといえるのか。それは、或る 2 つの気体が反応して別の気体が発生するときには、その体積比は簡単な整数比になる、という**気体反応の法則**を満たしているからである。

例えば、水素と酸素の反応で水蒸気（水）が生成されるときの化

学反応式は、H_2O を仮定すれば

$$2H_2+O_2 \quad \rightarrow \quad 2H_2O \tag{1.1}$$

になるはずである。気体反応の法則により、その体積比は、

$$2H_2 : O_2 : 2H_2O=2 : 1 : 2 \tag{1.2}$$

となる。一方、これをドルトンの原子論で扱うと、化学反応式が

$$H+O \quad \rightarrow \quad HO \tag{1.3}$$

で、その体積比が

$$H : O : HO=1 : 1 : 1 \tag{1.4}$$

となってしまうので化学式 H_2O に適さない。当時であってもキャベンディッシュの実験（水素と酸素の結合で水が生じる）やニコルソンとカーライルの電気分解の実験（水を水素と酸素に分解する）等の結果から、いつも水の中の水素は水の中の酸素の２倍の体積であることは分かっていたので、これは矛盾であった。

　そこで、この困難を解決するため、イタリアの化学者、**アメデオ・アヴォガドロ**は原子以外に**分子**（或る原子と別の原子が結合して合成される化合物）という粒子を新たに仮定することによって、原子論の組み直しを図った。アヴォガドロは、同温同圧の条件下においては、全ての物体は同体積中に同数の分子を含む、と主張した。これを**アヴォガドロの法則**という。

この基本的な内容は、同単位の気体は同体積を占め、気体は同種原子が2つ結合した分子で、原子ではないということを主張している。これを仮定すれば、水素と酸素は原子のHやOという形ではなく分子のH_2やO_2という形になるから、(1.1)が得られて、実験結果とも矛盾しない。

ここまで見ると、アヴォガドロの分子論は実に画期的に見える。ところが、これは激しく批判された。ドルトンに至っては、この議論の出発点である、気体反応の法則自体を否定する有様であった。

更には、この分子論を論じた論文、『Journal de Physique』誌所収「元素粒子の相対質量およびそれらの化合比の決定方式」が難解な書き方をしていたためほとんど理解されず、多くの誤解を生んだ上、アヴォガドロは無名で、学会への影響力が極めて弱かった。こうしたことから、アヴォガドロの分子論は否定された。この状況は、デモクリトスの原子論が当時の古代ギリシャで否定されたときによく似ている。

アヴォガドロの分子論が再評価されるのは1860年、カールスルーエ国際化学者会議の席上で、スタニズラオ・カニッツァーロの論文『ジェノバ大学における化学理論講義概要』が発表されたときで、これは分子説の提唱から半世紀も後のことであった。

6 気体と分子の関係性

さて前述のように、原子論は(一応)復活を遂げたわけである。ここから更に、周期表、原子の構造、電子の発見……という話に展開してゆくのもよいが、それは無論化学の問題である。確かに、これまで述べてきたことは化学に負っている。然し、この本は物理学の本であり、化学の本ではない。そろそろ物理の世界に入ろう。ここからは原子論、分子論が当時の物理学にどのような影響を与えてきたか、という話をする。

1783 年 10 月 15 日、これは人類が初めて空を飛んだ記念すべき日である。これはライト兄弟の約 120 年前なので、方法はモンゴルフィエ兄弟の熱気球によるものである。これは袋に煙を入れてそれを閉じ、浮かばせる原理だが、この浮上距離と浮上時間はわずかであった。そこで更に浮上距離と浮上時間を延ばすために、フランスの物理学者、**ジャック・シャルル**は煙ではなく水素にしてはどうか、と提案した。そこで水素気球が作られ、熱気球の数倍の浮上距離、浮上時間での飛行が成功した。

然し、ここでの議論は水素気球ではない。ここで注目するのは、何故気球は空に浮いていられるか、ということである。

そもそも「浮く」とはどういう状態を指すのか。「浮く」ということは、一般にその浮上物体が空気より軽いことを示す。例えば、物を燃やすと煙が出るが、その煙は上昇し空へ向かう。上昇するということは、煙は空気より軽い、ということになる。従って、煙の中には空気より軽い何かのガスが含まれていると当時の物理学者は考えたが、水素気球のシャルルは、空気の体積は温度を上げると膨張し、温度を下げると収縮すると主張した。暖められた空気は膨張すると周りの空気より密度が小さくなるため質量も小さくなり、

「浮力」が生じることになる。

以上より、気球内の空気が周りの空気と同じ温度まで下がり密度が等しいと、浮力が生じなくなるということになる。シャルルは独自に精密な実験を行ない、

$$V=a(\theta+273) \tag{1.5}$$

を得た。ここで V は体積、a は比例定数、θ は摂氏温度（セルシウス温度）である。また、273 は絶対零度（＝－273.15℃）を示し、これ以上は温度を下げることはできない、という意味で熱力学の上でたいへん重要なのであるが、ここでは割愛する。

ここで（1.5）では温度が摂氏温度になっているから、これを絶対温度 T に置き換える。T は

$$T=\theta+273 \tag{1.6}$$

だから、（1.5）は

$$V=aT \tag{1.7}$$

という簡潔な式になる。これは**シャルルの法則**といい、体積は絶対温度に比例することを示している。

だが、ここでの問題は、何故この 2 つの間に比例関係があるかが分からないということであった。

そこで、イギリスの**ジェームズ・クラーク・マックスウェル**とオーストリアの、**ルードヴィヒ・エドゥアルト・ボルツマン**は、アヴ

ォガドロの分子論を復活させて、気体を分子の集合体とみることでシャルルの法則が説明できると主張して、**気体分子運動論**を展開した。

この理論の大きな成果は、物体の熱や温度を、その物体を作り上げる分子の不規則で複雑な運動によるものと仮定することで、これらの熱力学的な量を分子運動の力学的量の平均値で計算できるようになったということである。これはつまり、個々の分子の動きは予測できないが、集合体としての分子、即ち気体ということなら平均値で予測できる、ということを意味する。

だが、これにもまた多くの批判を伴うことになった。というのも、分子とはそもそも何であったか、という話である。当時、分子はアヴォガドロの提唱した「仮定」であり、「架空の粒子」に過ぎなかった。確かに、分子を仮定することで気体反応の法則は説明できたとしても、実体が未確認なものを物理学に持ち込んではならない、というのである。

この状況もまた、デモクリトスの原子論や、アヴォガドロの分子論の提唱のときによく似ている。但し、今回は死人が出てしまっている。気体分子運動論の提唱者の一人、ルードヴィヒ・エドゥアルト・ボルツマンは、反対者との論争に疲れて鬱病を発症し、アドリア海に面する保養地ドゥイノ（現、イタリア共和国）において、1906 年 9 月 5 日に自殺してしまった。62 年 6 ヶ月と 16 日の生涯であった。

7　アインシュタイン登場

原子論の歴史は波乱にとんでいる。先ずデモクリトス、ドルトン、アヴォガドロと続き、ボルツマンに至る。ボルツマンの時代に至っても、原子・分子を利用した物理学は受け入れられなかった。では、一体誰がこの不条理な事態をおさめられるのか。こうなれば、我らが天才、**アルバート・アインシュタイン**にご登場願うしかない。

先ず発端は**ロバート・ブラウン**という、イギリスの植物学者から始まる。彼は1827年、顕微鏡で花粉を観察していたところ、水の浸透圧により花粉が破裂、花粉から飛び出した微粒子がいつまでも不規則な運動をしていることに気が付いた。ブラウンはこれが生命の源であると考えたが、彼は賢明にも、石炭や硫黄の微粒子などでも同様な現象を確認し、生命とは関係のないことを明らかにした。この運動を、**ブラウン運動**という。

ブラウン運動は長い間原因は不明であったが、アインシュタインはこの原因は絶え間なく微粒子に水分子が衝突しているから、という説明を与え、その微粒子により運動が変化することを示した。その証明は割愛するが、アインシュタインがブラウン運動の原因が分子であると証明したことで、分子の存在が数学的・視覚的に証明され、これは決定的な証拠となった。

これにて原子論・分子論は完全に勝利し、2300年間にわたる論争はアインシュタインによって幕を閉じた。皮肉なことに、これはボルツマンの死の直後のことであった。

8 そして、ついに量子が！

前述のブラウン運動によって、ついに原子論・分子論が証明され、如何なる物質でもそれは「原子」でできているということが分かった。

リチャード・ファインマンはこれについて、『ファインマン物理学』第１巻「力学」の中で次のように述べている。

「もしも今何か大異変が起こって、科学的知識が全部なくなってしまい、たった一つの文章だけしか次の時代の生物に伝えられないとしたら、……それは原子仮説だろうと思う。すなわち、すべての物はアトム（アトモス）——永久に動きまわっている小さな粒で、近い距離では互いに引きあうが、あまり近づくと互いに反撥する——からできている、というのである。これに少し洞察と思考とを加えるならば、この文の中に、我々の自然界に関して実に厖大な情報量が含まれていることがわかる。」

それほど、この事実は重要なのである。

では、その「原子」というものは本当に「物質」の化学的な性質上の最小単位にしかならないのであろうか。こう考えたのが、量子力学の偉大なる先達、プランクやボーア、アインシュタインらである。

彼等は、物質がそれ以上分けられない原子（化学的性質上で）から成り立っているように、エネルギーや光にもそれ以上分けられない基本的な単位が存在するのではないか、と考えた。それはエネルギーの原子、光原子と呼ぶべきものだったがそういう風に呼ぶと「原子」という言葉の定義がおかしくなるので、それを「エネルギー量子」、「光量子」と名付け、そこでの考察で得られたことを原子に適用し、いわゆる「前期量子論」が成立することになる。

どうやってこれらの考えに至ったか、については、次の節に譲ることにしよう。さて、ここでは量子力学の「創世記」を語るつもりであったが、その第７日目どころか第５日目が終わったかどうかも疑わしいような構成になってしまったことをお許し願いたい。ここから量子力学の成立に至る第７日目まで、次の節で深く議論してゆく。

II 空洞輻射

9 幕開け～歴史的背景～

前節では、アインシュタインのブラウン運動による分子の実在の証明まで話を進めたが、プランクの輝かしい業績を語るために少し時間を遡り、世界史的な話をする。

先ず思い出して頂きたいのは17世紀の三十年戦争である。これはキリスト教の旧教カトリックと新教プロテスタントの対立に始まり、神聖ローマ帝国を中心に1618年から1648年、文字通り30年をかけて争われた戦争で、科学史的には天文学者ヨハネス・ケプラーの墓石が破壊された戦いとしても知られている（絶え間なく続いていたのではなく、断続的であった）。

元々は単なる宗教戦争だったのだが、旧教側のフランス国王が、自国優位の体制を築くために新教側につくなどして、次第に宗教と無関係な方向に進み、最終的には旧教側のハプスブルク家と新教側のブルボン家のヨーロッパにおける覇権を巡る戦争と化していた。結果として新教側の勝利に終わり、ウェストファリア条約によって神聖ローマ帝国は事実上解体した。

さて、ここからが本題であるが、神聖ローマ帝国は解体の際にロレーヌ地方の3司教領とアルザスのハプスブルク家領をフランスに割譲したが、それ以来これらの地方はフランス領となっていた。ところが1870年、プロイセン王家のホーエンツォレルン家の本家筋であるホーエンツォレルン・ジグマリンゲン家のレオポルド王子がスペイン国王の王位継承候補となったとき、ホーエンツォレルン家の王が統治する2国に挟まれたくないというフランスは、時のプロイセン王ヴィルヘルム1世と交渉し、レオポルドを王位から辞退させた。

だが、フランスはこれだけでは満足せず、未来永劫スペインの王位はホーエンツォレルン家には継がせないようプロイセン側に求めた。

これについてヴィルヘルム1世は無礼千万であるとして交渉にやってきた大使を追い返し、このことを首相オットー・フォン・ビスマルクに電報を打った。

有名な話だが、当時ビスマルクは「現在の大問題は言論や多数決ではなく、鉄と血によって解決される」（戦争による解決）と唱え鉄血政策を展開していた。このためビスマルクは、この電報を意図的に編集、改竄し、交渉にやってきたフランス大使がプロイセン王を侮辱したという趣旨に書き換えた上、国王はそれに激怒し追い返したと締め括って新聞に発表することで両国間の敵対心を煽って戦争に持ち込もうとした（これは「エムス電報事件」と呼ばれる）。

世論と軍はビスマルクの思惑通りにはたらき、普仏戦争が始まった。1カ月半でフランスは降伏、プロイセンは先のアルザスとロレーヌを併合した上でドイツ帝国を名乗った。これ以上続けると世界史の本になってしまうのでここで一度打切るが、注目して頂きたいのはプロイセンがアルザスとロレーヌを併合した理由である。

答えは鉄鉱石と石炭（無論ライン川の交通や農作物もあるだろう）で、これは当時ドイツが鉄血政策のためさらなる軍備拡張を目指していたので、その材料となる良質な鉄を大量に必要としたためだと考えられている。こうして兵器を製造するために、ドイツの各地に溶鉱炉が建設され、職人組合の中でも最高ランクの職人であるマイスターが集められた。

但し、ドイツは何も兵器製造にだけ興味があったわけではなく、自然科学にも興味と期待を抱いていた。例えば、大企業ジーメンス社の創業者、**ヴェルナー・フォン・ジーメンス**は 1884 年、政府に次のような書簡を送った。「自然科学的研究の奨励は一国の物質的利益に極めて有効である。……科学的教養 Bildung ではなくして、科学的業績 Leistung が一国民に文明民族中での名誉ある地位を与える……よってこの業績の国民の平均的教養の高さに相応させるのに必要な研究機関を設置することは国民〔家？〕的課題である」（原文ママ）、こうして 1888 年、**ヘルマン・ルートヴィヒ・フェルディナント・フォン・ヘルムホルツ**（後々出てくるヴィーンやプランクの師であり、物理だけでなく医学、哲学、数学、化学等の分野でも業績を残す多才な人物であった）を初代総長に、**国立物理工学研究所**（Physikalisch-Technische Reichsanstalt、PTR）が置かれた。つまりドイツは科学理論を現実の産業に活かすという応用の道も開拓していたのである。

さて、溶鉱炉の話に戻るが、鉄鉱石を融かすには溶鉱炉の内部を1000℃を超える高温にしなくてはならず、しかもそれを正確に制御する必要があった。然し、当時はこのような高温を計ることのできる温度計は発明されていなかった。

それにも関わらず、マイスターらは溶鉱炉の中身を一目見るなり、中身の温度を当てることができた。このからくりは、色の変化で、彼等は鉄が常温の黒から、熱すると赤、オレンジ、黄、白と変化することを経験から知っていたからで、これによって、何色だから今は何℃位、という近似値を導いていたのだった。

だが次第に、正確さを求めて技術者は勿論マイスターまでもがデータを採るようになった。こうして光の強度と波長の関係のグラフが作成されたが、そのグラフは比例式のような単純なものではなく、彼等はこのデータを分析できなかった。そこで、大学や研究所の物理学者らにこの問題を解いてもらおうとしたのである。そしてこの時は誰も予想だにしなかったことだが、この一見面白みのなさそうな問題が、当時の物理学者の考えていたエネルギーに関する概念を覆(くつがえ)して、量子力学への扉を開くことになるのである。

10　19世紀物理学をおおう暗雲

19世紀も終わろうとしていた1900年の4月27日のこと、英国王立研究所では19世紀物理学の最高権威、**ケルヴィン卿**（初代ケルヴィン男爵ウィリアム・トムソン）が「熱と光の動力学理論をおおう19世紀の暗雲（Nineteenth-Century Clouds over the Dynamical

Theory of Heat and Light)」（通称、「**二つの暗雲**」）と題する講演を行なっていた（ケルヴィン卿は熱力学の専門だったが、物理学のほとんどの分野で業績を上げており、生涯で書いた論文の数は600本を超えるという）。彼は講演で次のように発言している。

「物理学の理論がもつ美しさと簡潔さが二つの暗雲によって損なわれている（beauty and clearness of theory was overshadowed by two clouds)」

この発言から、この時期が従来の古典物理学がまさに現代物理学に移行しようとしている時なのだと分かる。つまり古典論の限界が生じてきているのだ。

ケルヴィン卿の示した一つ目の雲とは、特殊相対論の問題で、この理論の先駆けとなったアルバート・エイブラハム・マイケルソンとエドワード・ウィリアムズ・モーリーの実験結果についていっている。当時は未だにエーテルの概念（Ｉ節の３を参照）が信じられていて、これによれば、光はエーテル中を伝搬しているので、光速度はエーテルに対する地球の相対速度とその方向について依存しているはずであったが、マイケルソン＝モーリーの実験では地球の運動について平行のときと垂直のときの光速度は等しいという結果が示され、これによって「美しさと簡潔さが損なわれている」というわけである。

二つ目が前項で述べた溶鉱炉の問題である。前項では技術者とマイスターらが溶鉱炉内部の温度を正確に知るために、光の波長と強度の関係をグラフ化したとき、彼等では解決できずに、物理学者に持ち込んだ、という話をしたが、実際の所物理学者らはこの問題を既に知っていて、研究に着手していた。ケルヴィン卿のいう二つ目の雲は現在では**エネルギー等分配の法則**として知られ、これを利用することで気体・固体の比熱が求められるのだが、実験結果とこの法則に誤差が見つかるようになったので、エネルギー等分配の法則が破れることがある、と考えられるようになり、それによって同様に「美しさと簡潔さが損なわれている」というのである。

ケルヴィン卿を含む当時の物理学者の多くが、既に物理学の基礎は定式化が完了していて、残されたのは応用だけだが、その応用もほとんど終わりかけている、と考えていて、物理学は終焉(おわり)を迎えた学問なのだ、という風潮が強まっていた。

そんな中、ケルヴィン卿の示した「二つの暗雲」は物理体系における障害であった。彼等はこの二つも直ちに取り除かれるだろうと考えていたが、一つ目の雲は相対論へ、二つ目の雲は量子力学へ発展し、物理学はまだまだ発展の余地が残されていることを古典物理学に示す結果となった。一つ目の雲は先に述べたように特殊相対論の問題なのでこれは本書の範囲ではない。二つ目の雲は先に述べた通りエネルギー等分配の法則が破れているかもしれないという可能性についてで、分野としては熱力学・統計力学にあたるが、この法則がやはり破れていることを明らかにしたのが、例の溶鉱炉の問題というわけである。

II　キルヒホフからヴィーンへ

さて、ここから本格的に溶鉱炉の問題を突き詰めていく。溶鉱炉のように高温（ストーブなどを想像して頂きたい）な物体は手を触れずとも十分温かい（というより熱い）。これは電磁波によるもので、この電磁波の放出は**熱輻射**と呼ばれる。実際には、溶鉱炉だけでなく全ての物体はある温度を持っているので、その温度に応じた熱輻射を行なっている。

例えば人間（恒温動物）は赤外線を放出しているので、赤外線カメラでこれを確認できる。だが溶鉱炉の研究で問題となったのは、物体（鉄鉱石）が放つ光は熱輻射だけでなく反射による光も含んでいたことであった。

そこで、ドイツの**グスタフ・ロベルト・キルヒホフ**は外界からの光を全て吸収し、一切反射しない理想的物体を考え、それを**黒体**と名付けた。

然しこれはあくまで「理想」であって実現は困難に思えた。ところがその困難を解決した物体は１つの小さな穴が空いた空洞（箱のようなものと考えて良い）であった。

小さな穴からの入射光は空洞内で反射を繰り返し、内壁に吸収され、空洞内は熱平衡な状態となる。このことから、この穴からの光に反射による光は一切含まれておらず、熱輻射による光のみであると分かる（空洞の色に関係なく、小さな穴の中を外からのぞくと必ず中は暗く見える。よって、空洞の小さな穴こそ黒体といえるであろう)。

従って、黒体の行なう輻射(**黒体輻射**)を考えることと空洞の行なう輻射(**空洞輻射**)を考えることは本質的に等価ということになる。

これは同一温度では同一波長の輻射について、放出率の吸収率に対する比はどの物体でも同一であるという原理と共に、**キルヒホフの(放射)法則**と呼ばれる。つまりキルヒホフはマイスターらが持ち込んだ「ある温度で鉄鉱石が発する色の範囲と強度との関係を明らかにせよ」という問いを書き換えて、「ある温度で黒体、即ち空洞が発するエネルギー量の関係式は何か」としたのである。

その後しばらくして、**レイリー卿**(第3代レイリー男爵ジョン・ウィリアム・ストラット)は先のエネルギー等分配の法則がこの空洞輻射の問題に適すると考え、次の式を導いた。

$$u(\lambda)=\frac{8\pi}{\lambda^4}k_B T \tag{2.1}$$

ここで$u(\lambda)$は光のエネルギー密度、つまり波長における光の強度で、cは光速、k_Bはボルツマン定数、λは波長である。また、振動数をνとすると

$$c=\nu\lambda \tag{2.2}$$

が成り立つ。

波長と振動数の関係

$$c = \nu\lambda$$

（2.2）を用いて変数変換すると（2.1）は

$$u(\nu) = \frac{8\pi\nu^2}{c^3} k_B T \tag{2.3}$$

とも書ける（章末の＊参照)。ここで$u(\nu)$は振動数における光の強度である。これから先は$u(\nu)$表示の方が便利なので、これで統一することにしよう。この（2.1）または（2.3）を**レイリー＝ジーンズの法則**という（レイリー卿がこの式を導いたが、導いた時係数に誤りがあったので、それを指摘し書き直した**ジェームズ・ジーンズ**の名を加えて、この名がある)。

レイリー＝ジーンズの法則

$$u(\nu) = \frac{8\pi\nu^2}{c^3} k_B T$$

$$u(\lambda) = \frac{8\pi}{\lambda^4} k_B T$$

（2.3）を見れば分かるように、これは光のエネルギー輻射が振動数の２乗と温度に比例することをいっているが、実際に実験結果を基に数値を代入、グラフを書いてみると、低振動数領域の内わずかな部分では実験結果とよく合ったが、高振動数領域では全く合わないのだった。

この時点で既にエネルギー等分配の法則は破れている。何故ならこの法則が合っているならばこの法則から導いた式が間違っているはずがないからである。古典論の限界ということであろう。

そこで、ドイツの**ヴィルヘルム・カール・ヴェルナー・オットー・フリッツ・フランツ・ヴィーン**（彼は、物理学者になる前は農夫だったが、農場の経営が滞ると大学で専攻していた物理の研究を始めて、最終的にはノーベル物理学賞までとってしまうという凄い経歴の持ち主である）は、従来の法則から導けないので、式を導いて実験と合うか確かめるのではなく、実験事実からそれに適する式を書けば良いのではないかと考えて、実験結果を再現する式、

$$u(\nu) = a\nu^3 e^{-\frac{b\nu}{k_B T}} \tag{2.4}$$

を提案した（実はこの式は、レイリー＝ジーンズの法則の前にヴィーンが既に導いていた）。これは**ヴィーンの変位則**と呼ばれる。ここで a や b は実験結果を再現するように書かれる定数であり、e は自然対数の底（ネイピア数）である。

ヴィーンの変位則(1)

$$u(\nu) = a\nu^3 e^{-\frac{b\nu}{k_B T}}$$

無論ヴィーンはこの当時量子力学を知らないので仕方のないことであるが、一見合っていそうなこの式は、量子力学を使っていないので実験結果から逆算する方法では正しい答えを得ることができなかった。実際に、ヴィーンの変位則は高振動数領域では実験結果と

よく合ったが、低振動数領域では合わなかった。皮肉なことに、レイリー＝ジーンズの法則と逆の結果になってしまったのである。

12 分母から１を引く

さて、ようやく主役**プランク**の登場である。ここで、プランクはヴィーンの式中の a を $\frac{8\pi h}{c^3}$、b をある定数 h（後述）とおいて、次のように書き換えた。

$$u(\nu)=\frac{8\pi h}{c^3}\nu^3 e^{-\frac{h\nu}{k_B T}}$$

$$=\frac{8\pi\nu^2}{c^3}h\nu\frac{1}{e^{\frac{h\nu}{k_B T}}} \tag{2.5}$$

ヴィーンの変位則（2）

$$u(\nu)=\frac{8\pi\nu^2}{c^3}h\nu\frac{1}{e^{\frac{h\nu}{k_B T}}}$$

この書き直されたヴィーンの変位則を見て、名もなきプランクの助手が（学生だったという説もある）「ふとした気紛れ」で右辺の分母、$e^{\frac{h\nu}{k_B T}}$ から１を引き、次の式を作成した。

$$u(\nu)=\frac{8\pi\nu^2}{c^3}h\nu\frac{1}{e^{\frac{h\nu}{k_B T}}-1} \tag{2.6}$$

すると、驚くべきことにこの式は実験結果に一致した。助手には何故この式が実験結果と合うのか分からなかったので、プランクにこの式を見せ、彼がこれを解釈・証明したという。

この式（2.6）を**プランクの法則**といい、これこそ溶鉱炉の問題の答えとなる式であり、高振動数領域でも、また低振動領域でも実験結果と一致する。この式を得たのは分母から1を引くという偶然によるものであったが、プランクは統計力学を用いて、これを導出することに成功した。そのときに仮定しなければならなかった条件が

$$E = nh\nu \quad (n = 1, 2, 3, \cdots) \tag{2.7}$$

である。これはエネルギーが原子のように最小単位を持っていて、1個、2個と粒子のように数えられる存在であることを示している。このことの重大性は後で説明するが、とにかく（2.7）を仮定しないことにはプランクの法則は導出できないのである（これの導出には統計力学の知識が必要なため、今回は省略する。ただ、（2.7）を仮定しなければ（2.6）は出てこないということだけ知っておいて頂きたい）。

プランクの法則

$$u(\nu) = \frac{8\pi\nu^2}{c^3} h\nu \frac{1}{e^{\frac{h\nu}{k_B T}} - 1}$$

エネルギーと振動数の関係

$$E = nh\nu \quad (n = 1, 2, 3, \cdots)$$

13 量子革命

（2.7）は何を意味しているのだろうか。例えば現在、物質にこれ以上分けられない量があって、それを（素粒子までは立ち入らないとすると）原子と呼ぶ、ということを知らない人はいないだろう。もはや物質に最小単位があるというのは常識化している。

ところが、エネルギーに最小単位、即ちこれ以上は分割できなくなる量がエネルギーにもあるか、という問いに正しく答えられるだろうか。プランクの時代から約100年が過ぎた現在でも、エネルギーの最小量などというのはイメージが困難な上物理学をやっていない人々ならなおさら理解し難いはずだ。だが（2.7）を仮定しなければ正しいプランクの法則は導出できないから、（2.7）を正しいと認めるしかない（（2.7）の整合性については、後々分かってくるはずである）。もう一度書くと、

$$E = nh\nu \quad (n = 1, 2, 3, \cdots)$$

である。ここで、Eはエネルギー、hは後述するが**プランク定数**という、量子力学上最も重要な物理定数で、νは振動数である。nは正の整数であるから、この結果は、エネルギーEがプランク定数に振動数を掛けたものを最小単位に、必ずその整数倍になる、ということを示している。

つまり、エネルギーは物質の場合がそうであったように、最小単位を持っている不連続な量であったのだ。ということでエネルギー

の最小単位は

$$E=1h\nu=h\nu \tag{2.8}$$

となり、ここから $2h\nu$、$3h\nu$、$4h\nu$ という形で増えていく（これを**とびとびの値**というが、これは小数点を許さないことを意味し、グラフが連続的でなくとぎれとぎれの離散的なものになることを示している）。

エネルギーと振動数の関係（エネルギー量子）

$$E=h\nu$$

従って、エネルギーは粒子のように1個、2個、3個と数えられるもので、その単位が $h\nu$ であったという話である。(2.7) 式において、n は正の整数であるから、最小単位として $1h\nu$、つまり $h\nu$ 未満の量がエネルギーに存在するということはあり得ない。

さて、第0章で示した正確な量子の定義を、これによって理解することができる。量子の正確な定義は、「或る単位量の整数倍の値しかとらない量について、その単位量」であった。

「或る単位量」とはまさしく $h\nu$ のことで、「整数倍」とは $nh\nu$ のことである。すると「整数倍の値しかとらない量」が E であることになる。よって、最後の「単位量」の部分を最小量（最小単位）と解釈すれば、これは (2.8) の説明そのものになる。

よって、エネルギーの最小単位は $h\nu$ であるということが結論付けられる。これを**エネルギー量子**といい、ここまでの (2.7) 式に関わる議論は**エネルギー量子仮説**という。「量子」の誕生である。

こうして 20 世紀（厳密には 19 世紀最後の年なのだが）の二大科学革命（勿論もう一つは相対論である）の一つ、**量子革命**は、ドイツの物理学者、**マックス・カール・エルンスト・ルートヴィヒ・プランク**によって、その火蓋が切って落とされたのだった。

この業績により、プランクは現在、「量子の父」と呼ばれる。然し、プランクの発見の経緯をふり返ると、元のウィーンの式（2.5）の分母から１を引いてみたのは単なる気紛れからで、更に彼は、元々原子論に反対していたこともあって、量子の存在は物理トリックか何かで、答えを得るための手段に過ぎず、いずれは従来の古典論と統合されるだろうと考えていた節があったので、量子革命は、プランクからすれば「不本意な革命」であったとよくいわれる。

だが、プランクの予想を裏切って、量子はその後の物理学的概念に大改革を引き起こした。プランク自身は「量子の父」でありながら、死去するまで量子力学に納得できず、量子力学を回避しようとしたが、その闘いもむなしく、量子力学はここから大発展を遂げることになる。

III プランク定数

14 プランク定数とは

前節において、エネルギー量子と振動数の間の比例定数を h と書いてプランク定数という、という話をしたが、ここではこの h について1節を割いて説明する。

たかが記号1つに1節を割く必要があるのか、と仰るかもしれない。確かに他の本でプランク定数を1節分使って書いているのは単位の本や物理定数の本くらいなもので、他の量子力学の本では1ページどころか、1～2行で済ませてしまうものもあり、格式的な専門書にもなると書いてすらいなかったり括弧をつけて但し書きにしたりしている。専門書ならば仕方がないが、専門書でないならもう少し丁寧に書いてもいいのではないかと思う（勿論、全ての本がそうあるべきだ、とは言っていない）。

ここまで言うのは、プランク定数が量子力学の超基本的要素であるからに他ならない。この節を理解しなければ不都合だ、ということでは全くないが、量子力学を論じるに当たりその核を成す概念を説明するのに1～2行で終わらせてしまっては勿体無い。ということで、プランク定数について説明しよう。

さていつもの手口だが、「プランク定数」の前に「定数」とは何かを確認する。文字通り「定まった数」ということで値が常に不変であるものをいい、中学・高校の数学でも文字定数としてよく出現する。よってプランク定数もまた、値が決まっていてそれは決して変化することがない。その値は（この値は執筆当時の2010CODATA ver.6.0によるものである）、

$$h \approx 6.62606957 \times 10^{-34} \quad [\mathrm{J \cdot s}] \tag{3.1}$$

または

$$h \approx 6.62606957 \times 10^{-27} \quad [\mathrm{erg \cdot s}] \tag{3.2}$$

と表される。見慣れない方も少なくないだろうから、順に説明する。

先ず「≈」は「約」という意味で「弱い等号」と呼ばれ、「近似的に等しい」という意味である。意味の上では「≒」（ニアリーイコール）と同じだが、国際的な観点からいうと「約」を表す記号として「≒」はほとんど使われない。何故定数に「約」を使うのかというと、hは測定されて出てきた値なので、測定結果にどうしても誤差が出るからである。そのため、『理科年表』等には誤差が(x)として値の最後に示されている。

次に値を見てみると、極めて小さい。(3.1) を有効数字4桁にしてみると6.626×10^{-34}になるが、これは1京×1京×100分の6.626という意味で、たいへん小さい。解釈の上では、古典力学では$h=0$として扱っていたことになるので、量子力学は古典力学と相容れない存在なのだと考えることができる。

実際、$h \to 0$（実際は$\hbar \to 0$、後述）の極限での量子力学の結果は、古典力学の結果に近づくことが知られている。

では次に、hの値が何故2つあるのか、ということだが、単位を見て頂きたい（大括弧でくくった所である）。

（3.1）は**SI単位系**、（3.2）は**CGS単位系**による表示である。（3.1）と（3.2）で指数が違うのは、CGS単位系では1erg ＝ 10^{-7}J と定義しているからである。

この内、SI単位系ではエネルギーの単位としてJ（ジュール）を用いる。この単位系のSIとは“Système international d'unités”のことで、**国際単位系**という意味である。ここでSIがフランス語なのは、フランスがメートル法の発案国で、これがメートル法の延長線上のものだからである。

文字通り「国際」単位系で、世界のほとんどの国での教育的使用が義務付けられており（このため義務教育での単位はm〈メートル〉、kg〈キログラム〉、s〈秒〉が基本である）、国際社会での使用が奨励されている。

CGS単位系は、エネルギーの単位としてerg（エルグ）を用いる。CGSとはcm（センチメートル）、g（グラム）、s（秒）の略で、現在でも理工系分野で使われている（工学系に多い）。

そして、こうしたエネルギーの単位にsを掛けた次元を**作用の次元**という。一般に、現象中の作用の次元の大きさがhに近くなればなるほど量子力学のミステリー性が強くなり、hから遠くなればなるほど量子力学のミステリー性が弱くなることが知られている。

量子力学の基礎定数は確かにプランク定数 h なのだが、量子力学が発展するにつれて物理学者らは h が 2π で割られることが多くなってきたことに気付いた。即ち、$\dfrac{h}{2\pi}$ である。これが何回も出てくるなら、定数とみて１個の文字で置いてしまおう、ということになった。よってこれは現在、h に横棒が刺さったような奇妙な記号、$\hbar$ と書かれている。これを**エイチ・バー**と読み、この定数を**ディラック定数**または**換算プランク定数**と呼んでいる（ドイツでは h を「ハー」と発音しているようである)。これは、

$$\hbar \equiv \frac{h}{2\pi} \approx 1.054571726 \times 10^{-34} \quad [\mathrm{J \cdot s}] \tag{3.3}$$

$$\hbar \equiv \frac{h}{2\pi} \approx 1.054571726 \times 10^{-27} \quad [\mathrm{erg \cdot s}] \tag{3.4}$$

という値を持っている。では、何故 2π で割るのかということだが、h が、

$$E = h\nu \tag{3.5}$$

という、エネルギーと振動数の間の比例定数であるのに対して、$\hbar$ は

$$E = \hbar\omega \tag{3.6}$$

という、エネルギーと角振動数の間の比例定数であることに関係している。ここで、角振動数というのは「角度(2π)×振動数(ν)」のことだから、

$$\omega \equiv 2\pi\nu \tag{3.7}$$

である。従って、エネルギーと角振動数の関係を論じるときにはいつも 2π が出てくる（(3.7) を (3.6) に代入すると (3.5) が得られる）から、ここで、h を 2π で割るのである（量子力学の方程式に 2π が出てくる所以（ゆえん）はまた別にあって、例えば前期量子論で電子の古典的な軌道を考えるとその一周で $2\pi r$ が出てきたり、波動力学では波の基本式から 2π が出てきたりする）。ω が出てくるのは、量子力学の基礎方程式が波動方程式であるためだ。というわけで、以下 $\frac{h}{2\pi}$ は $\hbar$ と表記していく。

エネルギーと角振動数の関係

$$E = \hbar\omega$$

角振動数の定義

$$\omega \equiv 2\pi\nu$$

15　神の単位系

ここまでに用いてきた単位系は SI 単位系と CGS 単位系の 2 種類であったが、勿論他にも多様な単位系がある。欧米ではヤード・ポンド法（現在でも慣用単位としてアメリカでは日常的に使われている）、日本にも尺貫法があり、古代から人々は単位を用いて様々なものを表してきたが、それが国々の間で違っていると何かと不都合である。

こういうわけで、国際的に統一させたのがSI単位系なのだが、その基本単位である「メートル」について少し考えてみたい。

我々は小学校の頃から形式的に長さは1m、2mと数えるのだと教えられてきたが、そもそもメートルとは何か、説明できるだろうか。現在では相対論の光速度不変の原理により、基礎物理定数の1つであるc（光速）を用いて1秒の$\frac{1}{c}$の時間に光が進む距離とされているが、それでも秒とは何か、という疑問が出てくる。秒についても長々しい定義があって、現在ではメートルも秒もずいぶん科学的に定められているが、いずれにしても人間が定めた単位であることに変わりはない。

科学者、特に物理学者からしてみれば、SI単位をいくら科学的に定義して人為的側面を排除しても、その存在自体が人為的である。

宇宙という大きな枠で考えたときに、自然界の全てを包括する宇宙共通の単位系を考えると、1つの単位系が出来上がる。それが**自然単位系（プランク単位系）**である。

これはしばしば物理学者によって「神の単位系」と呼称され、地球外生命体もこれを使用しているに違いないと信じている人もいる。

その原理とは、c、G（万有引力定数）、$\frac{1}{4\pi\varepsilon_0}$（クーロン力定数）、$k_B$（ボルツマン定数）、$\hbar$を全て1とおくことである。

この内k_Bはエントロピーを記述するボルツマンの原理の比例定数で、レイリー＝ジーンズの法則（2.3）やヴィーンの変位則（2.4）、プランクの法則（2.6）に登場している。これらは長さ、時間、質量、電荷、温度の次元（単位）を必ずどれかに持つので、これらの5つの定数を1とおくことは、一見異なる5つの次元を同列に捉える、という意味もある（「次元」という言葉は「広がり」という意味を持っていて、日常的には1次元、2次元という空間的な広がりを意味するものとして使われるが、物理では単位も長さの広がり、時間の広がりなどと考えて、物理量が持っている基本単位を**次元**と呼んでいる）。

例えば、我々の日常的感覚からすれば、長さと時間が等価であるというのは信じ難いことであるが、$c=1$とすると、cは約3.0×10^8［m/s］であるから、1秒とは3.0×10^8［m］と同じである。相対論をやっていると4次元を扱うので**時間軸の方向**というものが出現するのだが、これに当てはめれば、我々は時間軸の方向に対して1秒で3.0×10^8［m］進んでいることになる（然しこれは、あくまで相対論的な解釈の上での話で、実際に時間軸の方向があるか、というのは別問題である）。また、

$$E=mc^2 \tag{3.8}$$

というのは余りにも有名だが、$c=1$なのでこれは

$$E=m \tag{3.9}$$

と変形される。

ここでのEとは運動とも高さとも関係がないので運動エネルギーやポテンシャルエネルギーとは全くの別物であり、(3.9) からこ

のエネルギーは、物体が静止状態にあっても質量を持つだけで発生するものであると分かる。この意味で、(3.8) 及び (3.9) の E を**静止エネルギー**、m を**静止質量**という。こうして、エネルギーと質量が相対論的には等価であるといえるわけだ（多くの入門書で、(3.8) からエネルギーと質量が等価であることをいっているのを見かけるが、実際は自然単位系の変換を経た (3.9) によって初めてそのことがいえる）。これによって質量や運動量はエネルギーの単位である J や eV（電子ボルト）で表されることになり、例えば電子の質量を 0.511MeV と書いたりするが、あからさまに (3.8) を意識して 0.511MeV/c^2 と書いているものも多い。

静止エネルギーと静止質量の関係（等価性）

$$E = mc^2$$

自然単位系では、$E = m$

最初は慣れないのでいささか当惑するかもしないが、慣れてしまえば非常に便利である。専門書によっては、「以下では自然単位を用いる」などという宣言が為されているものもあり、素粒子論や場の量子論を議論するときには日常的に用いる。

物理で自然単位系を使う理由は、三角関数で度数法ではなく弧度法を用いる理由に似ている。弧度法では π を基準に測るので式が単純化されたり、微分したときに定数倍の誤差が出るのを定数を 1 にすることで防ぐことができるが、自然単位系も同じで、(3.8) から (3.9) への変形を見て分かる通り、数式を単純化することで議論をし易くしたり、難しい方程式を解くにあたりミスを防ぐことができるのだ。

16 単位のない単位系？

こうして我々は、基礎物理定数の５つを１とおくことでmやｓ等の人為的な単位をこれら５つから排斥したわけだが、物理学者は更に、単位そのものを消してしまうことを思いついた。

プランク・スケールと呼ばれる概念である。

時間によって変化する量を表すとき、元の量の何倍だとか、何分の１だとかいう表現をするが、プランク・スケールはそこから着想を得たものである。つまり、ある次元（例えば長さ）の考えられる最小の量を定義し、それの何倍かを表現すればよいから、プランクスケールを１とおけば単位を指定する必要がない。そうしてできたのが、プランク・スケールで、プランク長さ、プランク時間、プランク質量、プランク電荷、プランク温度を基礎として構成されている。先ず**プランク長さ**は、

$$l_p \equiv \sqrt{\frac{\hbar G}{c^3}} \tag{3.10}$$

で表され、SI単位系で約 1.616×10^{-35} m である。これは $\hbar$、G、c を組み合わせて長さの次元を持つように設定されたもので、物理量として存在できる限界を示す。

即ち、これを下回る長さのものは物理量として存在できず、また意味を持たない。

問 1　プランク長さ $l_p \equiv \sqrt{\dfrac{\hbar G}{c^3}}$ は、SI 単位系に直すと長さの SI 単位［m］を持っていることを確かめなさい。

解　$\hbar$, G, c の単位はそれぞれ、$[\mathrm{J \cdot s}]$、$[\mathrm{N \cdot m^2 \cdot kg^{-2}}]$、$[\mathrm{m \cdot s^{-1}}]$ である。ここで、$[\mathrm{J}]$ と $[\mathrm{N}]$ を分解するとそれぞれ $[\mathrm{m^2 \cdot kg \cdot s^{-2}}]$、$[\mathrm{N}]$ は $[\mathrm{m \cdot kg \cdot s^{-2}}]$ だから、SI 単位で考えると、

$$
\begin{aligned}
\sqrt{\frac{\hbar G}{c^3}} &= \sqrt{\frac{[\mathrm{J \cdot s}][\mathrm{N \cdot m^2 \cdot kg^{-2}}]}{[\mathrm{m \cdot s^{-1}}]^3}} \\
&= \sqrt{\frac{[\mathrm{m^2 \cdot kg \cdot s^{-2} \cdot s}][\mathrm{m \cdot kg \cdot s^{-2} \cdot m^2 \cdot kg^{-2}}]}{[\mathrm{m^3 \cdot s^{-3}}]}} \\
&= \sqrt{\frac{[\mathrm{m^5 \cdot \cancel{kg^2 \cdot kg^{-2}} \cdot \cancel{s^{-3}}}]}{[\mathrm{m^3 \cdot \cancel{s^{-3}}}]}} \\
&= \sqrt{[\mathrm{m^2}]} \\
&= \boxed{[\mathrm{m}]} \qquad (3.11)
\end{aligned}
$$

となり、l_p は SI 単位系に直すと長さの SI 単位［m］を持っている。

……（答）

次に**プランク時間**は、

$$
t_p \equiv \sqrt{\frac{\hbar G}{c^5}} \qquad (3.12)
$$

で表され、値は約 5.391×10^{-44}［s］である。これは光がプランク長さを移動するのにかかる時間で、プランク長さ以下のものは物理的意味を持たないため、何らかの意味を持ち得る時間の最小単位で、

これより短い時間は物理的意味を持ち得ないということで無効である。

その式は、プランク長さ同様$\hbar$、G、cを組み合わせて時間の次元ができるように設定されている。次の**プランク質量**は

$$m_p \equiv \sqrt{\frac{\hbar c}{G}} \tag{3.13}$$

で、値は約2.176×10^{-8} kgになるが、見ての通り、異例なことに大きな値である（これを見て大きな値だと認識できれば、量子力学のスケール感覚については自信を持って良い）。

何故プランク質量の値が10^{-44}や10^{-35}のように小さくないのかというと、質量は、何らかの物理量を持って生じるから、その限界を示したいのならば、最小の物理量に対する最小の質量ではなく、最大の質量を問題にすべきだからである。よって、プランク質量はプランク長さの物理量がとり得る最大の質量を意味する。当然、その式はG、$\hbar$、cを組み合わせて質量の次元ができるように設定されている。次は**プランク電荷**で、

$$q_p \equiv \sqrt{4\pi\varepsilon_0 \hbar c} \tag{3.14}$$

と定義され、その値は約1.876×10^{-18} [C]（クーロン）である。また、$\hbar$、G、cの中に電荷を記述できるものがないので、Gの代わりに$4\pi\varepsilon_0$を持ってきて電荷の次元が完成するように式が定められている。

最後の**プランク温度**は、

$$T_p=\sqrt{\frac{\hbar c^5}{G{k_B}^2}} \tag{3.15}$$

で、値は 1.417×10^{32} ［K］（ケルビン）でたいへん大きな値だが、これが高温なのは別に不思議ではない。宇宙が膨張しているというのは今や常識だが、時間を巻き戻すと、宇宙は小さく、誕生当初となると量子力学が必要なほどの小ささであったはずである（これが量子宇宙論の基本的な考え方である）から、ビッグバン理論により宇宙の始まりは超高温状態のはずなので、プランク温度が高温であるのはむしろ当然である。

よって、プランク温度はビッグバンの瞬間から１プランク時間後の宇宙の温度で、これより高い温度は物理的に意味がない（絶対零度の逆）。また、やはり $\hbar$、G、c と k_B を組み合わせて温度の次元ができるように式が定義されている。

以上がプランク・スケールだが、これを全て１とおけば、長さならプランク長さの何倍であるかを示せば良く、単位のない単位系ができることになり、これが理論上考えられ得る究極の単位系ではないかと思う。

但し l_p や t_p の世界で一体何が起きているのかは、はっきり言って物理学者もまだよく分かっておらず、一致した見解も出ていない。例えば l_p の距離で重力はどのように作用するのか、l_p の世界で力がどう扱われるか考え、自然界の全ての力を統一しようというのは量子重力理論の問題である（これについては第５章XⅧで触れる）。

いずれにしても、プランク・スケールの中で何が起きているのかを追究することで自然界の根本が明確化されることは疑いない。これを研究することにより、未知の領域が開拓されるか、或いは自然界の力の統一が完了し、遂に基礎物理学が一つの美しい体系として完成するかもしれないのである。

＊（2.1）から（2.3）を導く方法を以下に示す。
　空洞輻射の全エネルギー U は

$$U=\int_0^{\infty}u(\lambda)d\lambda \tag{2.9}$$

$$=\int_0^{\infty}\frac{8\pi}{\lambda^4}k_B T d\lambda \tag{2.10}$$

である。ここで、（2.2）より

$$\frac{d\lambda}{d\nu}=-\frac{c}{\nu^2} \tag{2.11}$$

であるから、（2.2）の λ と（2.11）の $d\lambda$ を（2.10）に代入すれば、（2.3）が導出される。

$$U=\int_{\infty}^{0}\frac{8\pi\nu^4}{c^4}k_B T\times\left(-\frac{c}{\nu^2}d\nu\right)$$

$$=\int_0^{\infty}\frac{8\pi\nu^2}{c^3}k_B T d\nu$$

$$=\int_0^{\infty}u(\nu)d\nu \tag{2.12}$$

$$\therefore\ u(\nu)=\frac{8\pi\nu^2}{c^3}k_B T$$

第2章

前期量子論

～古典力学の破綻～

Ⅳ 光の二重性

17 光の正体とは？

第１章Ⅱではエネルギーの最小単位ということでエネルギー量子というものが提案された、という話をしたが、ここから方向を変えて「光」について考えてみたい。標準的な量子力学の本を読んだことのある読者は、次に光量子仮説の説明が始まるのだろう、という風にお見通しかもしれないが、その前に、光とはそもそも何であるか、という話をする。

17世紀後半において、光を粒子であるとするイギリスのアイザック・ニュートンと光を波であるとするオランダの**クリスティアン・ホイヘンス**とが対立していた。ニュートンは、光が波だとすると、光の進行方向に対して障害物があるとき背後に回り込んで伝わる（**回折**）ため、影はできないはずであると主張し、ホイヘンスは、光が粒子だとすると、２光線を衝突させたときに向きが変わるので、光の直進を説明できないと主張した。

19世紀に入ると、イギリスの**トーマス・ヤング**（彼は文系・理系を問わず、いろいろなところで業績を残している。本当は医者なのだが、物理の分野では光の研究以外に、「エネルギー」という言葉を命名したり、生物の分野ではホタルの行なっているのが生物発光であると指摘したり、色覚を研究する過程で乱視を発見したりした。更には考古学にも興味を示し、ロゼッタストーンの解読をしたシャンポリオンにも大きな影響を与えた）が光源に平行な壁に2つの孔（スリット）を作り、そのスリットの先（延長線上）にスクリーンを置いて光源から光線を放つと、スクリーン上に干渉縞（かんしょうじま）が生じることを示した。これを**ヤングの二重スリット実験**という。

ここで現れた現象は**干渉**であり、波の基本的性質であった。もし光が粒子であるなら、光線はスクリーンに2スリットのそれぞれの中点付近で集中するはずで、光は波動である、という主張が多少優勢になってきた。

また、ニュートンの指摘した回折の問題は、観測が難しいだけで、実際は回折しているのだ、という解釈をフランスの**オーギュスティン・フレネル**が与えている。そして19世紀後半、電磁気学の基礎方程式である、**マックスウェル方程式**から**電磁波の方程式**が導かれ、電磁波の速度を示す値が光速の値と一致したため、光は電磁波、即ち波であると結論付けられた。

だがこれだけで終わりではなかった。20世紀初頭、金属に光を照射するとあるエネルギーを持った電子が飛び出してくるということが見出された。

この現象を**光電効果**というが、ここで重要なのは、エネルギーがどうやら光の強さではなく振動数に依存しているようであるという点にある。古典論、即ち従来の考え方からすれば、光の強さが強ければ強いほど、飛び出す電子のエネルギーも大きいはずで、光の強さが弱くても振動数が大きければエネルギーも大きくなる、というのはおかしな話であった。

何故なら、光が波であるなら、光の強さとは波の振幅の激しさのことだから、強い光の方が強い波のエネルギーを持っているに決まっているからである。これもプランクのときと同じで、古典論では説明不可能な現象である。ここでこのことを式にしてみると、

$$E \propto \nu \tag{4.1}$$

ということになる。∝は比例する、という意味の記号で、等号ではないから、これを等式にするためには比例定数が必要である。さて、これまでの議論を思い出して頂きたい。

エネルギーと振動数の間の比例定数といえば h だから、等式にすると、

$$E = h\nu \tag{4.2}$$

になる。これは今まで何回も見てきたエネルギー量子の式と同じである。光電効果の現象を説明する式を書くとこれが出てくるということは、光が（少なくとも光電効果においては）振動数 ν を持つとき、あたかも $h\nu$ のエネルギーを持つ粒子であるかのように振る舞うことを示唆する。何故なら $h\nu$ とは $nh\nu$ であって、整数倍、つまりとびとびの値で増えていくから、連続的な波動モデルで（4.2）は記述できず、ここは離散的に１個、２個と整数の個数で数えられる粒子モデルで考えなくてはならないからである。

つまり光電効果における光のエネルギーは、振動数νに比例し、$h\nu$の整数倍の値をもって増加する。よって、光のエネルギーにも最小単位があることになる。

これだけでみればエネルギー量子仮説の拡張だが、これは光の正体について粒子的性質を認めない限りこの現象を説明できないという点で別理論であるので、**光量子仮説**と呼ばれている。これは1905年に**アルバート・アインシュタイン**によって提唱され、彼はこれによって1921年度のノーベル物理学賞を受賞した。

念のためであるが、光電効果という現象は19世紀にフィリップ・エドゥアルト・アントン・フォン・レーナルトらによって既に知られていたもので、アインシュタインが発見したものではない。アインシュタインは、光量子仮説の提唱によって、光電効果に理論的説明を与えたのである（ノーベル賞で相対性理論が受賞理由とならなかったのは、それが、当時でも未だに受け入れ難い学説であったからだ）。

では光の強さの方はどう関わってくるのかというと、これは電子の数である。つまり光の強さが強くなれば、飛び出す電子の数が増える。また、光電効果の実験において、ある振動数よりも大きな振動数の光を照射しなければ電子が飛び出さなかったが、これは(4.2)におけるエネルギー最小値$h\nu$を下回ったためである（エネルギーの最小単位はくどいようだが$h\nu$であって、これを下回るとすれば0しかないということだ）。

ここで、重大な疑問が生じる。光とは何かということである。ヤングの二重スリット実験や、マックスウェル方程式からの結論では光は波であったが、そうすると光電効果が説明できない。光電効果のときだけ光は粒子として振る舞うという苦しまぎれのことを言うこともできるかもしれないが、光の粒子性を示す現象は、実はこれだけではない。

これについては次節で説明するが、とにかく、以上を見た限りでは光は波と粒子という二重の性格を持っているとしか言いようがない。これを**光の二重性**という（これは光に限らず、全ての量子に顕著に現れる性質の一つである）。ところがいくつかの本、特に入門書において、「光は波でもあり、粒子でもある」という風に書いているものがあり、これが標語化している感があるが、慎重に考えてみよう。

実際に物理の概念に照らしたとき、波や粒子が、一つのもので両方を持つことがあり得るか、ということである。一つのものが波であるならそれは粒子であることはあり得ず、その逆もまた然りで、粒子であるならそれが波ではあり得ない。よって、この標語を慎重に直すならば、

「光は波でもなく粒子でもない、波と粒子の性質を同時に備える新しい何か」

ではないだろうか。つまり、光は波でも粒子でもないものとして諦めるしかない（というより、それが「量子」という新たな概念なのだと認めるしかない）。

最後に肝心な問題である。何故二重性が現れるのか、という問題

だ。これは波動力学が確立された後にある概念を導入することにより解決する。ここでその答は明らかにしない（第３章Ⅸで述べる）。というのも、どうすれば二重性の問題を解決できるか少し考えてみて頂きたいのである。

朝永振一郎の名著**『量子力学』**でもこの節では本節と同様の終わり方をしているが、少しその部分を引用してみたい。

> 「このなぞの真の解答は、この本でも後にだんだんと述べていくであろうが、それまでの間、読者みずから空想をたくましくしてこのなぞの答えを考えてみられるのもむだではなかろう。もちろんこれは容易なことではないが、もし読者の中にそれをなしえた者があったら、その人は世界一流の物理学者と同等の能力のあることをみずから証明したことになるし、それをなしえなかったとしても、読者の見当と本当の答とがどんなに近かったか、あるいは遠かったかを比べてみるのは興味のあることであろう。」

与えられた問題を数式を用いて解くのも良いが、私個人の考えでは、こうした解決の難しい問題に対し、如何にアプローチを試みるかが、本物の物理的センスを磨くことであり、新たな理論を拓く助けとなるのではないかと思うのだ。

18 コンプトン散乱の検討

前回光の粒子性を述べたときに、光の粒子性を語る現象は光電効果だけではないといったが、ここでは光の粒子性を決定付ける現象の話をする。それは1923年に**アーサー・コンプトン**によって見出された**コンプトン散乱（コンプトン効果）**と呼ばれる現象だ。

この現象には**X線**が関わる。X線は目的の物質に照射し、検出器で可視化すると内部の様子を知ることができるので、医学分野においてX線撮影（発見者にちなんでレントゲンともいう）として役立っているので一般にも有名だ。これは、波長が10^{-11} m～10^{-10} m程度の範囲にある電磁波で、見ての通り極めて波長が短い。この短波長領域においては、γ線と重なる所がある。このため、X線とγ線は波長ではなく発生機構によって区別する。軌道電子の遷移によるものがX線で、原子核内のエネルギー準位の遷移によるものがγ線である（聞き慣れない用語かもしれないが、次の節で説明する）。

コンプトン散乱は、「X線を物体に照射したとき、散乱されたX線の波長がもとの入射したX線の波長より長くなる」という現象で、ビリヤードの玉が別の玉に衝突して跳ね返る様子に似ている。

だが古典論の立場からすればそれほど単純な話ではない。古典電磁気学によれば、X線が物体に照射されると、物体内の電子にX線の周期的な電気力による強制的な揺らぎが起こる。

当然、電子は入射時のX線と同じ周期で揺らぐから、電子は球面波を発して散乱されたX線となるが、この電子は入射波に同調して揺らいだと考えられるので、この入射波と散乱波の振動数は互いに等しいはずだが、この現象では、入射波の振動数と散乱波の振動数では入射波の振動数の方が大きくなってしまっている。この不具合は、X線を波と解釈したところにある。

先ほど述べたがX線は電磁波である。電磁波といえば19世紀に光と同一視されたものだ。よってこれは光による現象で、ここで光を波と考えるとやはり困難が生じるということだから、光の粒子性を示す現象だといえるわけである。

やはりここでも光をビリヤードのような粒子と考えると都合が良い。ビリヤードで、或る玉Aが別の玉Bと衝突したとき、衝突後の玉Aの速度は落ちていく。これは衝突時に玉Aのエネルギーが玉Bに奪われた結果である。玉Bではこれと逆のことが起きているわけだから、玉Bは玉Aのエネルギーにより加速する。

このビリヤードと同じで、コンプトン散乱では玉AがX線、玉Bが物体内の電子に置き換わっただけである。

即ち、X線を物体内に照射すると物体内の電子に衝突してエネルギーを奪われるので、散乱されたX線の波長はもとの入射したときの波長より長くなる。これはコンプトン散乱の現象を見事に説明しているが、X線内部の光量子を粒子とみなければこの説明は成立しない。

19 コンプトン散乱の利用

ではここで、入射X線の波長と散乱X線の波長の差はどれだけか、というのを実際に計算すると、

$$\Delta\lambda = \lambda' - \lambda = 2.43\times10^{-12}(1-\cos\theta)\ [\mathrm{m}] \tag{5.1}$$

になる。実際の計算には相対論を考慮する必要がある上、計算してもここではあまり重要な意味はないので省略する。今は結果だけ考慮すれば十分である（計算過程は、例えば猪木慶治・川合光『基礎 量子力学』（講談社）等に示されている）。

ここで重要なことは、光量子の存在が理論的に証明され、かつエネルギーと運動量を持っている、ということが確認されたことである。これまでは、光量子は導入しなければ説明できないから仮定する、というだけの存在であったが、これによって実際にエネルギーと運動量を持つ粒子として光量子の存在が認められた。

よって、これ以後は光量子という「遠慮がちな名前」でなく、電子や陽子と同列の存在として、**光子**という呼称を用いる。また、特に錯乱角が90°$\left(つまり\dfrac{\pi}{2}\right)$の波長変化（波長の差）の程度を示すものを**コンプトン波長**という（(5.1) で$\theta = 90° = \dfrac{\pi}{2}$とすれば良いわけである。ここで、三角関数の値から$\cos\dfrac{\pi}{2} = 0$だから、コンプトン波長は$2.43\times10^{-12}$ [m] となる）。

さて、ようやくコンプトン散乱の概略としては終わりなのだが、コンプトン散乱の応用を少し明らかにして、この節を終わりにしたい。

先ず、**逆コンプトン散乱**というものがある。深入りはしないが、読んで字の如く、コンプトン散乱の「逆」である。コンプトン散乱は光子が電子に衝突するが、逆コンプトン散乱は電子が光子に衝突するのである。この散乱は宇宙空間で生じている。星からの光が高エネルギーで加速された電子との逆コンプトン散乱でエネルギーを得たりするのだ。

それから、**トムソン散乱**というものもある。コンプトン散乱が、波長の短い光によるものであったのに対し、これは波長の長い光による散乱である。原理はコンプトン散乱と変わりないので、やはり詳しくは立ち入らない。更に、コンプトン散乱の散乱断面積を計算するための、「クライン＝仁科の公式」という難しい式がある。これについて論じるためには、ディラック方程式が必要なので、補遺Bで参考程度に触れておく。

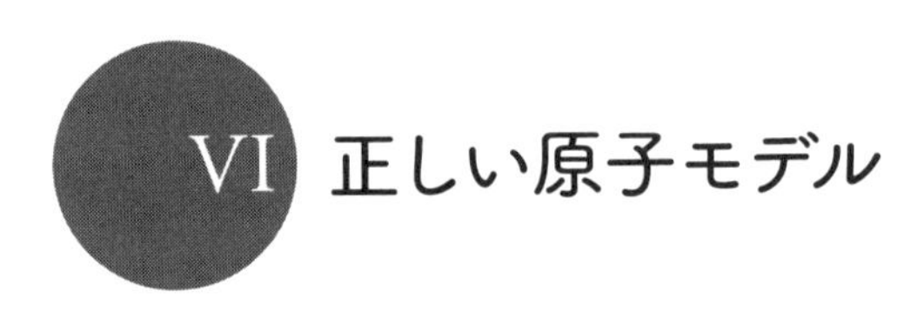

VI 正しい原子モデル

20 教科書の間違い

突然だが量子力学を学ぶまでの高校や中学における理科の教科書にある原子モデルは、完璧に間違っている。結論からいってしまったが、本当のことである。中学の理科の教科書となると二重に間違っている。当然、分かり易くするためにしていることなのだろう。

本書も似たようなことをして現役の物理学者や数学者から見れば腹立たしくなるような説明や数式の書き方になっている節があるだろうから、あまり言えないが、少なくともそのモデルが間違いであることを言ってからにして貰いたいものだ。では、教科書の間違いを正しながら、原子の構造の話をしていこう。

21 どれが正しい？

では、中学の教科書にある原子モデルから話を始めよう。中学の教科書にある原子モデルは、**ラザフォードの太陽系型原子モデル**（以下、**ラザフォードモデル**）というもので、原子の構成要素である原子核を太陽、電子を惑星に見立てて、原子の中身が太陽系のようになっているとするモデルである。これは1911年、**アーネスト・ラザフォード**（初代ラザフォード・オブ・ネルソン男爵）により提案された。

これ以前には、電子の発見者として知られるイギリスの**サー・ジョゼフ・ジョン（J. J.）・トムソン**が**ブドウパンモデル**（発表当時は**プラム・プディングモデル**と名付けられたが、日本人にはプラム・プディングなど馴染みがないということで、「ブドウパン」に意訳された）を発表していた。これはブドウパンのパンを原子核、ブドウを電子と見るものである。

だが、ラザフォードは原子にα線（極めて高い運動エネルギーを保有する$^4_2$He原子核）を照射する実験を行なうことによりこのモデルを否定した。

つまり、ブドウパンモデルは原子核の中に電子が埋まっていると考えるので、パンである原子核が原子内部に薄く広がっていることになる。よってα線を当てれば、α線はそれぞれ同じ影響を受けて原子を通り抜けるはずである。ところが、そうはならないのだ。

ラザフォードは約$\frac{1}{8000}$の確率でα線が進路を大きく変えられているという結果を得た。このことは、原子内部の正の電荷を持つ原子核に当たってα線が跳ね返ったことを示している（但し確率が$\frac{1}{8000}$だから大部分は直進する）。

これを**ラザフォード散乱**という。この実験事実により原子内の正電荷は小さい領域に集中していることが分かり、原子核の存在が証明され、同時にその位置が原子の中心にあることも示すことができた。この実験から、ラザフォードがラザフォードモデルを考えたというわけである（トムソンがブドウパンモデルを提案したときはまだ原子核は発見されていなかった)。

ここでラザフォードモデルの欠陥を説明しよう。先ずラザフォードモデルとは、原子の内部を太陽系に見立てるものであるから、古典力学に戻って、本物の太陽系について考える。我々の太陽系では、太陽がその中心に位置し地球がその周りを回っているというコペルニクスの地動説を知らない人はシャーロック・ホームズでもない限りいないだろう（アーサー・コナン・ドイル『緋色の研究』参照)。

だが太陽と地球の距離が常に一定で、同じ所を回っている理由を説明できるだろうか。地球は常に太陽から遠ざかろうとするので遠心力F_1がはたらくが、同時に太陽も常に地球を近づけようとするので万有引力F_2がはたらく。この2つの力F_1とF_2が等しいために地球は常に太陽との距離が等しい所、つまり公転軌道を変えずに運動しているというのが答えだ。

ここでラザフォードモデルに戻って考えると、太陽は原子核に、地球は電子に置き換えられるから、原子核と電子の距離を一定にするためにF_1とF_2がつり合っている必要がある（F_2については、太陽と地球なら万有引力だが、原子核と電子ならばクーロン引力である)。

然し、古典電磁気学によれば、電子のように電荷を持つ粒子が加速度運動をした場合、電子は光（電磁波）を放出して、徐々にエネルギーを失い、減速してしまう。

結果として、原子核と電子の間にはたらく力F_1とF_2の関係は、$F_1 = F_2$のはずが$F_1 < F_2$となってクーロン引力の方が遠心力より

強くなってしまうため、電子は原子核のクーロン引力に引っ張られ、原子核に落ち込み、原子という物質はこの世に存在できない。

問 2　電子が、ラザフォードモデルで加速度運動すると、半径 r が減少して、原子核に落ち込み原子が存在できなくなることを示しなさい。

解　ラザフォードモデルにおける遠心力とクーロン引力とのつり合いにより、クーロン力定数を $\dfrac{1}{4\pi\varepsilon_0}$、電気素量を e とおくと、

$$\frac{mv^2}{r}=\frac{1}{4\pi\varepsilon_0}\cdot\frac{e^2}{r^2} \tag{6.1}$$

両辺に $\dfrac{r^2}{mv^2}$ を掛けると、

$$r=\frac{1}{4\pi\varepsilon_0}\cdot\frac{e^2}{mv^2} \tag{6.2}$$

このとき、電子の全（力学的）エネルギー E は、

$$E=\frac{1}{2}mv^2+\left(-\frac{1}{4\pi\varepsilon_0}\cdot\frac{e^2}{r}\right) \tag{6.3}$$

(6.2) を用いて、

$$E=\frac{e^2}{8\pi\varepsilon_0 r}-\frac{e^2}{4\pi\varepsilon_0 r}=\frac{e^2}{8\pi\varepsilon_0 r}-\frac{2e^2}{8\pi\varepsilon_0 r}$$

$$=-\frac{e^2}{8\pi\varepsilon_0 r} \tag{6.4}$$

従って、

$$r=\frac{e^2}{8\pi\varepsilon_0(-E)} \tag{6.5}$$

故に、電子が電磁波を放出すると $-E$ が増大、E が減少するので、それにともなって半径 r も減少し、電子は原子核に落ち込み、原子は存在できなくなる。……（答）

よって、原子から成る我々やこの世界は存在しないはずだが、我々やこの世界が幸運にも現在存在していることの説明がつかない。

故に、ラザフォードモデルは誤りである（それでもまだ、原子核に落ち込むスピードが極端に遅いのだ、という言い逃れをすることができると思われるかもしれない。だが実際はその逆であって、古典電磁気学で計算すると、例えば水素原子の寿命は 1.6×10^{-11}［s］程度になり、遅いどころかほぼ一瞬の間に原子は潰れてしまうことが分かる）。

次に高校で習うであろう「ボーアモデル」である。これは一応、ラザフォードモデルの困難を解決しているが、結論からいってしまうと、別の困難が出現してしまう。この意味において、ラザフォードモデルは二重に間違っている。

ではラザフォードモデルの困難をどのように解決したのか。ここから量子力学の出番である。

実は、ラザフォードモデルも、先の空洞輻射の問題や光電効果等に続く古典論の困難の一つなのだ。ラザフォードモデルが成立しないことを示したのは、古典電磁気学である。つまりは古典論で説明できない現象が再び現れたのだ。

そこで、デンマークの**ニールス・ヘンリー・ダヴィド・ボーア**は、1913年、新たにいくつかの仮説を設けることによってラザフォードモデルの困難が修正できると発表した。即ち太陽系型は変えずに、ある条件を設定すれば困難が解決できるということだ。その条件とは、次の通りである。

（条件）

ⅰ．原子の中で電子の軌道は確定された軌道上で運動し、軌道半径はとびとびの不連続な値をとる。

ⅱ．電子が軌道上を回転しているとき（これを**定常状態**という）、電子は光を放出せず、一定のエネルギーを保つ。ここで軌道のエネルギー量を**エネルギー準位**という。また、定常状態にある時は古典力学での計算が有効となる。

ⅲ．異なる定常状態間の電子の遷移が行なわれるときに電子は光を放出、吸収する。このとき、そのエネルギーについて、

$$|E_n - E_m| = h\nu \qquad (6.6)$$

が成り立つ。ここで左辺は或るエネルギー準位と別のエネルギー準位との差の絶対値で、右辺は放出・吸収される光のエネルギーである。

ボーアはこれらを勝手に仮定したのではなく、ⅱを除くならば他はほぼプランクやアインシュタインの理論から導ける事柄である。

ここで（6.6）を**振動数条件**という。つまり、電子がある定常状

態から別の定常状態に遷移する時にだけ、それらのエネルギー準位の差に当たるエネルギーが光子という形で放出・吸収されるのだ。

振動数条件

$$|E_n - E_m| = h\nu$$

つまり、E_n が E_m に比べ外側の軌道のエネルギー準位であるとき、E_n から E_m への遷移が起こったときにエネルギーが放出され、E_m から E_n への遷移が起こればエネルギーが吸収される（E_n から E_m なのか、E_m から E_n なのかを区別する必要がないように、(6.1) の左辺には絶対値をつける)。仮定ⅱ、ⅲにあるように、定常状態間の遷移が起こる時だけにエネルギーのやり取りが発生し、一つの定常状態に留まっている時はエネルギーのやり取りは何ら発生しないのである。

また、第１章Ⅲで、現象の中の作用の次元の大きさが h から遠くなれば遠くなるほど量子力学のミステリー性が弱くなる、というようなことを書いたが、その指標となるのが（6.6）の振動数条件である。この E の添字 n や m が大きければ大きいほど量子力学のミステリー性は弱くなる（何故なら、$|E_n - E_m|$ がまさしく作用の次元であるからである)。この添字 n や m を**量子数**という。即ち、原子核から遠い定常状態間の遷移であればあるほど、量子力学のミステリー性が弱くなる。これが、**対応原理**という考え方である。

然し、古典電磁気学によれば、加速度運動をする電子は光を放出することになっている。従って、定常状態であろうとなかろうと、加速度運動を行なっていることに変わりはないのだから、定常状態に電子がある時も光の放出は加速度運動している限り起こるだろう。

だが、それを考えるとラザフォードモデルのように原子が存在できない。そこでボーアは大胆にもⅱ、ⅲの仮定を持ち出したが、実はボーアも何故定常状態にある時にエネルギーのやり取りがないかは分からなかったのだ。ただ分かっていたのは、ⅱとⅲがあれば、原子が安定して存在できるということだけだった。

これが古典論の限界というもので、実は量子力学を使えば仮定ⅰ、ⅱ、ⅲを説明できるのだった。

当時は量子力学が知られていなかったので、ボーアは先ず不都合のないようにモデルを作り直し、そのモデルが成立するような仮定を書き、その仮定は物理学が発展すると共に証明され、不都合のない原子モデルができるだろう、と考えたのである。

では次に、(6.6) の式に関連して**バルマーの式**というものを簡単に紹介しよう。

19 世紀後半には様々な波長を含む太陽光が自然界のプリズムを通り、虹になることは分かっており、これのスペクトルは波長ごとに光が分かれ、帯状の連続スペクトルとなることも分かっていた。

これに対し、水素ガスを入れた放電管が放つ光をプリズムに通すと、そこには連続スペクトルではなく細い線状の光が現れる線スペクトルが現れた。しかしこれが何故なのかはまたしても分からなかった。ここで 1885 年、スイスの**ヨハン・ヤコブ・バルマー**は線スペクトルの波長について次の式を見出した。

$$\lambda \propto \frac{n^2}{n^2-2^2} \quad (n=3,\ 4,\ 5,\ \cdots) \tag{6.7}$$

これに従うスペクトル線を**バルマー系列**という。これはそれぞれ n の値を代入していくことで求められるが、結果として $n=3$ のとき赤色の周波数、$n=4$ のとき青色の周波数、$n=5$ のとき藍色の周波数、$n=6$ のとき紫の周波数となり、水素原子の光は各色の周波数に比例するのだ。

バルマーの式

$$\lambda \propto \frac{n^2}{n^2-2^2} \quad (n=3,\ 4,\ 5,\ \cdots)$$

これは、例の

$$E=nh\nu \quad (n=1,\ 2,\ 3,\ \cdots)$$

という式と同様に、整数倍で不連続なとびとびの値になっていて、(6.6) の左辺の差などはバルマーの式の類推から来ている。

さてⅱ、ⅲの説明は終わったので、最後にⅰである。この仮定こそ、電子を原子核に落ち込ませずに原子を守る最終砦となる。この仮定には、「軌道半径はとびとびの不連続な値をとる」という部分があるが、これはもっと正確には「軌道一周の長さに電子の運動量を掛けたものは、プランク定数 h の整数倍となる」と表される。

これを数式化しよう。軌道一周とは即ち円周であるから $2\pi r$ で、運動量とは質量と速度の積のことだから、

$$2\pi rmv = nh \quad (n = 1,\ 2,\ 3,\ \cdots) \tag{6.8}$$

ここで、$\hbar \equiv \dfrac{h}{2\pi}$のディラック定数に変更すると、

$$rmv = n\hbar \quad (n = 1,\ 2,\ 3,\ \cdots) \tag{6.9}$$

となる。これを**ボーアの量子条件**という（但しこれは、電子の軌道が真円であった場合である。軌道がもし楕円であるなら別の式が必要になる）。r は原子核を中心とする半径、m は電子質量、v は電子速度である。

ボーアの量子条件

$$rmv = n\hbar$$

こうしてプランクによりエネルギーに量子が、アインシュタインにより光に量子が、ボーアにより原子に量子が導入された。

従って、プランクやアインシュタインの時のように、今回はプランク定数を 2π で割ったディラック定数の整数倍となった。これが成立すれば、原子は守られる。何故ならば、1番内側の軌道は $n=1$ なので、それより下に落ちることはないからである（$n=1$ のときの軌道半径を**ボーア半径**という）。

電子の光の放出は仮定 iii により、異なる定常状態間で遷移が行なわれたときだけであるから、定常状態（軌道）の数には限界があるので、$n=1$ より原子核に近づくことはできず、ラザフォードモデルで起こる困難はない。これらの仮定を満たす太陽系型原子モデル

が、**ボーアモデル**である。

　但し、このボーアモデルの欠陥は大きく二つある。先ず一つは、最初に指摘したように仮定 ii である。何故加速度運動しているのに定常状態にある電子は光を放出しないのか、ということである。

　次に、ボーアモデルはバルマーの式からの類推ということもあって、水素原子にしか適さないのである。水素原子は、原子核１個と電子１個という、原子で最も単純な構造をしているためにボーアモデルでうまく行くが、ヘリウム原子やリチウム原子になると電子の数がその原子番号分増えるので、ボーアモデルではうまく行かない。

　というわけで残念ながら、実はボーアモデルも間違いなのだ。だが、ボーアの大胆な発想によって原子に量子の概念が持ち込まれ、以降の物理学者らを刺激し、古典力学から量子力学への架け橋になったという点は重要である。

　このことから、プランクからボーアまでの道のり、或いは単にボーアの仕事を特に**前期量子論**という。

　では原子モデルの正解は一体何なのか。それを説明し終えなくてはならないから、簡単に説明しよう。次の節で詳しく説明するが、実は電子を粒子と考えたことに問題がある。

　これを説明するにはフランスのド・ブロイの登場を待たなくてはならないが、つまりはこういうことだ。光は波と思われていたが、量子の概念により光子と見ると、粒子と考えなくてはならなくなる。とするならば、粒子と思われていた電子にボーアが量子を導入したのだから、その逆で電子が波の性質を見せることがあると考えても良いではないか、という発想である。詳解は次の節に回して、ここではとりあえず電子を波とする。

すると、波ならば波長がある。波長というのは、弦を揺らしてみると分かるが、整数倍の個数しかない。原子核の回りを電子が波となって回るモデルの場合、波長とエネルギーは反比例の関係にあるので、電子が光を放ちエネルギーを失うとすれば、波長の整数倍が軌道の円周に一致していなくてはならないので、エネルギーを失うときには一気に失う（途中経過がない）。仮に徐々にエネルギーを失うとすれば、例えばエネルギーが3Jあったものは2.9、2.8、…、2.1、2.0Jとなっていくが、この2.9から2.1の小数点の所では波が一つの波としてつながらないのである。従って、エネルギーを失う時には、3Jから一気に2Jになる。よって、定常状態間の移動の時のみに光を放ちエネルギーを失うというボーアの仮説ⅲは正しい。

また定常状態に留まっている電子が加速度運動をしている時は電子は光を放出せず、エネルギーを失うことはない、という仮説ⅱも正しい。何故なら、電子が波なら一様に定常状態で存在しているだけで、加速度運動など本当はしていなかったからである。

仮説ⅰも正しい。電子の軌道がとびとびであることは、電子が波ならば波長の性質により明らかだ。そして、電子を波とする原子モデルならば、水素だけでなく全ての原子に適する。こうして、ボーアモデルの欠陥も正され、これが完璧かのように思われた。

だが、実はこれも間違いなのだ。

22 はたして正解は？

間違いといっても、これがテストに出された問題なら×ではなく△になるレベルの話ではあるのだが、「確率解釈」というものに関係する（次の章で詳説する）。これによれば、電子などの量子は、位置を厳密に確定できない。よって、位置がはっきりしているモデルは厳密には誤っている。量子力学による正確なモデルは、原子核の周りを電子の雲が覆うモデルで、複数の電子が存在しているのではなく、全体に１つの電子が同時に存在していると考える。この方がボーアの条件よりずっと荒唐無稽に思えるかもしれないが、電子は確定した位置を持つものではなく、後述するが波動関数で表される「確率」なのである。こうして、モデルとしての表現方法で最も適切なのは、軌道電子を存在の確率として**電子雲**で示したモデルということが分かった。即ち、これが正解というわけである（何かもやもやした感覚が残っているかもしれないが、その感覚は第３章Ⅸで概ね晴れてくるはずだ）。

VII 謎の波

23 逆転の発想

さて、これまで古典論では光は波と考えられてきたが実は粒子の性質も見出せるものだと説明したが、科学者は逆転の発想や類推が得意なので、これの逆の発想として、これまで古典論で粒子と考えられていたもの（例えば電子）は量子力学で考えれば波の性質が現れるのではないか、という考えが出てくることは全く不思議なことではない。

これを最初に提案したのは**ルイ・ド・ブロイ**（第7代ブロイ公爵ルイ＝ヴィクトル・ピエール・レーモン）で、しかも彼の博士論文中でのことであった。余談であるが、彼はルイ14世により授爵された名門貴族ブロイ家の直系の子孫である。初めは歴史学を専攻したが、兄が物理学者で、その影響を受けて彼自身も物理学の道を選んだそうである。

彼の発想というのは先に述べた通りだが、これの数式による定式化と、そこから導かれる結論を次の項で説明していく。

24 ド・ブロイ波の考え

ド・ブロイの発想は、次の2式から定式化できる。その2式とは

$$E=h\nu \tag{7.1}$$

と

$$E=mc^2 \tag{7.2}$$

である。(7.1) はもう見飽きたかもしれないが、それだけ大事な式なのである。(7.2) も一度出しているが、アインシュタインの特殊相対論の帰結式である。この式に h が入っていないのは、これがマクロの世界でのものだからだが、c はミクロでもマクロでも重要な意味を持つので、この式はたまたまマクロとミクロの両方で共通なのである。

問３　エネルギーについての２式 (7.1)、(7.2) を仮定することにより、波長 λ と運動量 p の関係を示す式を導きなさい。

解　条件式より、

$$h\nu=mc^2 \tag{7.3}$$

である。これの両辺に $\dfrac{1}{c}$ を掛けると、

$$\frac{h\nu}{c}=mc=p \tag{7.4}$$

となる。この右辺は、質量と光速の積、即ち質量と速度の積だから、運動量のことである。よってこれは (7.4) のように p と書ける。

ここで左辺に ν と c があるので、波長と振動数の関係の変形、

$$\frac{\nu}{c}=\frac{1}{\lambda} \tag{7.5}$$

を（7.4）に代入すると、

$$\frac{h}{\lambda}=p \tag{7.6}$$

が得られる。λ について解けば、

$$\boxed{\lambda=\frac{h}{p}} \quad \cdots\cdots \text{（答）} \tag{7.7}$$

になる（節末の＊参照）。

ド・ブロイの関係式

$$\lambda=\frac{h}{p}$$

これは（7.1）、（7.2）同様極めて強力な式で、**ド・ブロイの関係式**と呼ばれる。これは全てのミクロの物質が、$\dfrac{h}{p}$ で表される波長を持っていることを意味する。この波は**ド・ブロイ波**または**物質波**と呼ばれる。

これは光の二重性が拡張されたことを示している。即ち、ミクロの世界に存在する物質は全て、光のように波と粒子の二重性を持つ、ということである。

前に、光とは波でも粒子でもない、波と粒子の性質を同時に持ち得る新しい何かであるといったが、全てのミクロの物質がこれに該

当するのだから、これは量子の全てに共通する重要な性質ということになる。

つまり量子ならば全て二重性を持つのである。だが冒頭で、ミクロとマクロの境界というものは考えなくてよい、というようなことを書いた。これに当てはめてみれば、我々人類にもド・ブロイ波があることになる。事実、我々人類もド・ブロイ波を持っているのだが、我々の運動量（分母）がプランク定数（分子）に対して大き過ぎるため、値は極めて小さくなる。試しに私の物質波を計算することにしよう。私の体重は 48kg（執筆時点で）位だから、1.0m/s で歩いているときのド・ブロイ波長が計算できる。

問 4　質量 48[kg]の人が、1.0[m/s]で歩いているとき、そのド・ブロイ波の波長を求めなさい。

但し、$h = 6.6 \times 10^{-34}$ [J・s]とする。

解　$\lambda = \dfrac{h}{mv} = \dfrac{6.6 \times 10^{-34}}{48 \times 1.0} \approx \boxed{1.4 \times 10^{-35}\,[\mathrm{m}]}$ ……（答）

これは検出不能に決まっている。確かにマクロの物体もド・ブロイ波長を持っているが、それが余りに小さ過ぎて、検出が難しいのである。仮に私が 100 年に 1cm しか動かなかったとしても、値の指数が 10 桁位落ちるだけで、これは陽子の直径よりも短い。よって我々は、永久にマクロの世界に住み続けるしかない。

ド・ブロイが（7.9）を最初に論文で発表したとき、大学の教授陣は（何故か）この内容を理解できなかった。そこで教授の一人がアインシュタインに相談すると、アインシュタインは「この青年がもらうのは博士号でなくノーベル賞である」と返したという。こうして、ルイ・ド・ブロイはわずか5年でノーベル物理学賞を1929年に受賞した。37歳のときである。

ノーベル物理学賞は、仮説だけでは受賞できない。その理論を実証して初めて、優れた理論と認められ、この賞が与えられる。ド・ブロイ波は様々な実験により確認されており、例えば、真空に置いた電子を固体の結晶に当てると波の基本的な性質である回折が確認できる（**電子回折**）という、**デヴィソンとジャーマーの実験**がそれである。他にも、もっと興味深い結果が現れる現象も出てきたので、次の項でこれらを説明しようと思う。

25　更なる考察

前節で原子核を回る電子が波だと考えると、ボーアモデルの説明ができると説明したが、その通りで、電子の軌道に整数倍という条件が付くことは、ド・ブロイの関係式をボーアの量子条件に代入して導ける。

> **問5**　ド・ブロイの関係式をボーアの量子条件に代入して、電子が波だとすると、その軌道に整数倍の条件が付くことを示しなさい。

解　ボーアの量子条件は、

$$rp = n\frac{h}{2\pi} \tag{7.8}$$

ということなので、ド・ブロイの関係式を代入すると、

$$2\pi r\frac{h}{\lambda} = nh \quad (n = 1,\ 2,\ 3,\ \cdots) \tag{7.9}$$

が得られて、両辺を$\frac{\lambda}{h}$倍すれば、

$$\boxed{2\pi r = n\lambda} \tag{7.10}$$

を示せるから、安定な円軌道の円周は、ド・ブロイ波の波長の整数倍となり、ボーアの説明の裏付けになる。……（答）

それから、ヤングの二重スリット実験を拡張すると、もっと面白いことがいえる。ヤングの実験では、スリットを通るのは光だけであったが、ここでは銃弾、波、電子のときでそれぞれ場合分けして考えてみたい。

(i) 銃弾のとき

マシンガンを持ってきて、それを実験装置の前で乱射する（このとき、スリットが２つ開いている壁には穴が開かないものとする）。すると、２つのスリットを通った銃弾は、その先のスクリーンに達する。ここで問題にするのは、１個の銃弾がスリットを通り抜けてスクリーンのどこに到達するか、という確率である。何故確率になるかといえば、我々は銃弾が正確にどこへ行くかをいうことができないからだ。

ここで銃弾が左のスリットを通る確率と、右のスリットを通る確率をそれぞれP_1、P_2とすると、銃弾が少なくともどちらか一方を通る確率は和の法則からP_1+P_2である。このことは、銃弾が粒子であることを考えれば当然のことである。

(ii) 波のとき

今度は水の波をスリットに通すことを考える（今回は浅い水槽の中で行ない、スクリーンは波の反射をさせない吸収体としてはたらくものとする）。すると、波なので2つのスリットを同時に通過することになるが、ここで考えるのはスリットを通る波の強度である。波が左のスリットを通ったときの強度と、波が右のスリットを通ったときの強度をそれぞれI_1、I_2とすると、左側を通った波と右側を通った波とはスリット通過後に互いに干渉し合う。よって波の山と谷が衝突したところは相殺(そうさい)されて、通過してもその部分はスクリーンに写らない。ここでスクリーンに写るのはヤングの実験でも見た干渉縞というものである。これは波の基本的性質が現れた結果である。

(iii) 電子のとき

ここからが本題である。今度は電子を1個ずつスリットに通すことを考える。ここで大切なのは、電子が**1個**ずつである、ということで、それは粒子であるということを仮定している。こうして実験を行なうと、この結果は(i)のようになるはずである。

ところが、電子のときはスクリーンに干渉縞が現れたのだ。これは一体どういうことであろうか。

先ず電子が分裂した、とするのは間違いである。何故なら電子は素粒子なので、これ以上分裂することはできない。干渉縞が現れた、ということは(ii)から考えて、電子が２つのスリットを同時に通過したことになる。何故なら、干渉縞が現れる必要十分条件は、２スリットを同時に通ることだからである。よって、これは電子を波と考えなくては説明できない。これだけなら光電効果やコンプトン散乱と変わりない。だが、電子を更に「監視」しようとするともっと興味深い結果が現れる。

つまり、２つのスリットに光源を加えて、どちらのスリットを通ったのかが分かるようにするのである。だがこうすると、今度はどちらかのスリットを通り、両方は通らないので干渉縞はできずに終わる。ここは大変難しい所である。なにしろ、この結果をそのまま受け入れるならば、電子は監視されているときには粒子になり、監視されていないときには波になると考えざるを得ない。然し、これは電子が小さ過ぎて、光源をつけると光が電子の運動を変えるので、こういう結果になるのだと考えられる。

量子力学の重要な結論から導かれることだが「電子がどちらかのスリットを通るかを知ると同時に、その干渉縞を破壊してしまうほどには電子を散乱させない装置の設計は不可能」なのだ。

つまり、電子の通ったスリットがどちらか判別すると、干渉縞は現れなくなり、電子に干渉縞を現させるとどちらのスリットを通ったか判別できない、ということになる。これは、実験という行為そのものが、実験の結果に影響することを意味する。このことに関しては、これ以上説明することはできず、ただ結果を事実として受け止めるより他ない。この興味深い思考実験を電子の二重スリット実験という（「思考実験」と書いたが、現在では勿論現実に実証されている）。

ここまでの思考実験は、『ファインマン物理学』の第5巻「量子力学」に詳解されている。この章は、同書でファインマンが語っている次の言葉を引用して終わりたい。

「いまでもまだ、次のような質問をする人がいるかもしれない。“どうしてそんなことになるのか。法則の背後に隠されているからくりは何か”と。法則の背後のからくりなどを発見した人は、これまでひとりもいない。たったいま“説明”した以上のことを“説明”できる人はいない。だれも、いまの状況を深遠に表現してくれるひとはない。」

＊厳密なことを言うと、この導出法はやや手抜きである。波長と運動量の間の関係式を示すとき、それはあらゆる物質について成り立っていなければならないので、静止エネルギーの式（7.2）をそのままエネルギー量子の式（7.1）と等しいとするわけにはいかない。電子などは問題ないが、光子は静止質量を持たないので、（7.2）における質量項が0になってしまうからである。従って、本当は動いている場合を考えて一般化された、

$$E^2 = m^2c^4 + p^2c^2 \qquad (7.11)$$

において、mを0とおいて2乗を消した式、

$$E = pc \qquad (7.12)$$

と（7.1）が等しいとして進めるのが正しい。但し、（7.2）を使った導出であっても、途中で$\frac{1}{c}$を掛けてmcをpとおくことになるので最終形は同じであり（（7.4）を変形すると（7.12）と同じ式が得られる）、正確な導出でも特別見通しが良くなるわけではなく、その後の量子論の理解の障害になる可能性は希薄であると判断し、少々粗い議論ではあるが、ここではこの導出のままで済ませることにする。

第3章

数学的定式化

～量子論から量子力学へ～

VIII 行列力学

26 行列の基本

さてここからがメインテーマである。これまでの理論を基に、数学的定式化を行なうわけだが、こうした操作を経て、はじめて量子力学ということができる。量子力学の定式化の形式は主に二つあり、それが**行列力学**と**波動力学**である。この内行列力学は、行列を英語で matrix というので、**マトリックス力学**という人もいる。

歴史的には行列力学が先に誕生し、それを追うように波動力学が生まれたが、一般に行列力学は分かりにくいものとされ、波動力学は物理的イメージを得やすく、より良く理解できるものとされている。

このため、現代の量子力学の本では、行列力学をほとんど扱わないが、量子力学が行列表示でどのように表されるかを知ることは勿論無駄ではない。

それどころか、量子力学の物理量が行列で表せることを知らないとスピンや相対論的量子力学（後述）を理解するのに支障が出る上、量子力学の最も主要な原理の一つである不確定性原理において「交換関係」なるものが出てくるが、これが出てくる所以は行列力学の基本を学んでおかないと分からなかったりする（交換関係については、あえて次の節で扱う）。

そうはいっても、行列力学は難しいので、ここでの解説はあくまで初歩の初歩である。また、ここでのことがさっぱり分からなくても波動力学に進む上で特に不都合なことはないが、量子力学の物理量が行列でどのように表されるのか、ということだけは理解して頂きたい。然し、行列が何かを説明しないまま行列力学を進めると不親切なので、先ずは数学的準備ということで、行列の数学を整理しておきたい。

ご存知の方も多いと思うが、行列はつい最近まで**数学C**の一分野として高校で教えられていた。然し、この科目は現在廃止されており（近々復活するという話もあるようだが）、数C廃止に伴い行列分野が高校の範囲から消えてしまったのだ。よって現在、行列は大学の数学だが、もとは高校の範囲だったこともあり、あまり難しくはない。

我々は日常、複数のデータが繁雑になっているとき、しばしば表を書いて理解し易くしているが、行列はそれを抽象化したものと考えて良い。例えば次のようなものである。

3列

2行
$$\begin{pmatrix} a & b & c \\ d & e & f \end{pmatrix} \tag{8.1}$$

中に入っている $a \sim f$ は何らかの数字或いは文字で、ベクトルと同様に**成分**と呼ばれる。ここで、横の並びを**行**といい、順に第1行（$a \sim c$）、第2行（$d \sim f$）と続く。これに対して縦の並びを**列**といい、順に第１列（$a \sim d$）、第２列（$b \sim e$）、第３列（$c \sim f$）と続く。

これは行列の中身のことだが、行列自身は A 等、大文字のアルファベットで表す。上から m 行、左から n 列の行列を **$m \times n$ 行列**、または **m 行 n 列の行列**という。(8.1) なら2×3行列である。また、上から i 行目、左から j 列目の交点を **(i, j) 成分**という風にいい、例えば (8.1) の b ならば (1, 2) 成分、f ならば (2, 3) 成分である。この成分は文字と共にそのまま書くこともある。例えば、

$$\begin{pmatrix} a_{11} & a_{12} & a_{13} \\ a_{21} & a_{22} & a_{23} \end{pmatrix} \tag{8.2}$$

というようにである。ここで、a_{11} の添字を数の 11 とみてはならない。これは成分を表しているのだ。

つまり a_{11} は (1, 1) 成分、a_{22} は (2, 2) 成分となり、成分を考える必要がないのである（どうしても 11 に見えるならば、1 と 1 の間にカンマを入れる等すれば良い）。

更にこの記法ならば、一発で行列型も判定できる。即ち、一番右下の成分の添字を見れば良く、(8.2) は (8.1) と同型だから2×3行列だが、(8.2) の右下は a_{23} で、2 と 3 の間に×を入れるだけで判定ができるというわけである。

然し、添字も文字のときは、右下の成分は a_{mn} だったとしても、成分は上から i 行、左から j 列というように行と列の数で判断するので、このときは (m, n) 成分ではなく (i, j) 成分としなければならない（但し行列型は $m \times n$ 行列で良い）。

27 行列の種類

ここから様々な行列の形式をみていく。先ず、

$$\begin{pmatrix} a_{11} & a_{12} & a_{13} \\ a_{21} & a_{22} & a_{23} \\ a_{31} & a_{32} & a_{33} \end{pmatrix} \tag{8.3}$$

対角成分

のように、右下の成分の添字が2つ同じであるとき、$n\times n$行列となり、中身が正方形ということで**正方行列**という（つまり、行と列の数が等しい）。成分の添字が2つ同じであるa_{11}、a_{22}、a_{33}（左上から右下へ並ぶ成分）を特に**対角成分**といい、これが全て等しく他は0である、

$$\begin{pmatrix} 4 & 0 & 0 \\ 0 & 4 & 0 \\ 0 & 0 & 4 \end{pmatrix} \tag{8.4}$$

というような行列は**スカラー行列**という。スカラーというのはよく「向きを持たない大きさだけの量」と定義されているが、数字でスカラーといったら、ただの数だと考えて良い。つまり（8.4）は4という数字を3×3行列で表したものである。また、対角成分以外の成分が0で、かつ対角成分が全て1である、

$$\begin{pmatrix} 1 & 0 & 0 \\ 0 & 1 & 0 \\ 0 & 0 & 1 \end{pmatrix} = E \tag{8.5}$$

というような行列は**単位行列**といい、一般に E と書かれる（(8.4) は数字の4がスカラー行列になったものであったから、その類推でこれは数字の1がスカラー行列になったものと考えて、1と書く本もある）。

また、単に対角成分以外の成分が0であるだけの

$$\begin{pmatrix} 3 & 0 & 0 \\ 0 & 6 & 0 \\ 0 & 0 & 9 \end{pmatrix} \tag{8.6}$$

というような行列は**対角行列**と呼ばれる。行列は行が1行だけ、列が1列だけでも良く、例えば

$$(a \quad b \quad c \quad d \quad e) \tag{8.7}$$

のような行列は 1×5 行列だが、これを特に5次の**行ベクトル**といい、

$$\begin{pmatrix} p \\ q \\ r \end{pmatrix} \tag{8.8}$$

のように 3×1 の行列を特に3次の**列ベクトル**といい、それぞれ $1\times n$ 行列、$m\times1$ 行列についても同様である。それから

$$A = \begin{pmatrix} 1 & 2 & 3 & 4 \\ 5 & 6 & 7 & 8 \\ 9 & 10 & 11 & 12 \end{pmatrix} \tag{8.9}$$

という行列 A に対して、行と列を入れ替えた

$$
{}^tA = \begin{pmatrix} 1 & 5 & 9 \\ 2 & 6 & 10 \\ 3 & 7 & 11 \\ 4 & 8 & 12 \end{pmatrix} \tag{8.10}
$$

というような行列を、**転置行列**といい、元の行列のアルファベットの左上に t と書いて表す（単に A' と書く本もあるので注意）。但し、元の行列 B が

$$
B = \begin{pmatrix} a & b \\ c & d \end{pmatrix} \tag{8.11}
$$

というような正方行列で、かつ右上がりの対角成分（ここでは b と c）が等しいとき、$B = {}^tB$ が成立し、これを**対称行列**という。

28 行列の改造

行列の問題を解くためには、与えられた行列がそのままでは使えないときがある。そうしたときは、決まった操作でその行列を解ける形に「改造」しなければならない。この操作を**行列の簡約化**というが、先ず簡約化されている行列について述べよう。こうした行列は**簡約な行列**といい、次の特徴がある。

i　行ベクトル（横の並び）の内に零ベクトル（横の並びが全て0）があるならば、それは零ベクトル**でないもの**（横の並びに0でない数を含むもの）より下にある。

ii　零ベクトルでない行ベクトルの、左側から見て0でない最初の成分（これをその行に対する**主成分**という）は必ず1である。

iii　各行の主成分（即ち1）は、下の行ほど右側にある。

iv　各行の主成分を含む列ベクトル（縦の並び）の他の成分は全て0である。

例えば、次の行列 A、B は簡約な行列である。

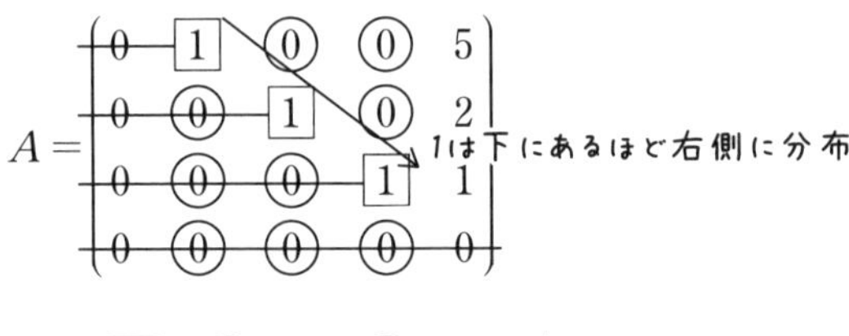

$$B=\begin{pmatrix} 1 & 0 & 9 & 0 & 8 & 7 \\ 0 & 1 & 6 & 0 & 5 & 0 \\ 0 & 0 & 0 & 1 & 5 & 1 \end{pmatrix}$$

1は下にあるほど右側に分布

A は、零ベクトルが行列の一番下にあり（ i ）、A、B 共に左側から見て0でない最初の成分（主成分）は必ず1で（ii）、各行の主成分は下の行ほど右側に分布し（iii）、主成分を含む列は、主成分以外が全て0（iv）になっている。では次に簡約でない行列を簡約化することを考える。これは適当な行列を用意して、例題形式で述べようと思う。

問6　行列 $\begin{pmatrix} 0 & 3 & 0 & 2 & 4 & 2 \\ 0 & 0 & 0 & 3 & 6 & 9 \\ 0 & 2 & 4 & 4 & 6 & 2 \end{pmatrix}$ を簡約化しなさい。

解

ｉ．零ベクトルがあれば、一番下と入れ替える（ここでは零ベクトルがないので、これは行なわない）。

ⅱ．行ベクトル中、主成分が一番左側にあるもの（ここでは1行目または3行目）を1行目と入れ替える。

$$\begin{pmatrix} 0 & 2 & 4 & 4 & 6 & 2 \\ 0 & 0 & 0 & 3 & 6 & 9 \\ 0 & 3 & 0 & 2 & 4 & 2 \end{pmatrix}$$

ⅲ．1行目を $\dfrac{1}{\text{1行目の主成分}}$ 倍して主成分を1に変える（ここでは1行目の主成分が2なので、$\dfrac{1}{2}$倍）。

$$\begin{pmatrix} 0 & 1 & 2 & 2 & 3 & 1 \\ 0 & 0 & 0 & 3 & 6 & 9 \\ 0 & 3 & 0 & 2 & 4 & 2 \end{pmatrix}$$

ⅳ．1行目の主成分を含む列を全て0にするため、1行目の主成分を含む列の内0でない成分（ここでは3）にマイナスをつけたもの（ここでは -3）と1行目を掛けて、0でない成分を持つ行に足す（ここでは1行目を -3 倍して3行目に足す）。

$$\begin{pmatrix} 0 & 1 & 2 & 2 & 3 & 1 \\ 0 & 0 & 0 & 3 & 6 & 9 \\ 0 & 0 & -6 & -4 & -5 & -1 \end{pmatrix}$$

ｖ．2行目にもⅱ、ⅲと同じことをする（ここでは3行目と2行目を入れ替えて、2行目を$\dfrac{1}{-6}$倍にする）。

$$\begin{pmatrix} 0 & 1 & 2 & 2 & 3 & 1 \\ 0 & 0 & 1 & 2/3 & 5/6 & 1/6 \\ 0 & 0 & 0 & 3 & 6 & 9 \end{pmatrix}$$

vi．やはりivと同じことをする。（ここでは２行目を -2 倍して１行目に足す）。

$$\begin{pmatrix} 0 & 1 & 0 & 2/3 & 4/3 & 2/3 \\ 0 & 0 & 1 & 2/3 & 5/6 & 1/6 \\ 0 & 0 & 0 & 3 & 6 & 9 \end{pmatrix}$$

vii．３行目もii、iiiと同様である（ここでは３行目は入れ替える行が下にないので、そのまま $\frac{1}{3}$ 倍にする）。

$$\begin{pmatrix} 0 & 1 & 0 & 2/3 & 4/3 & 2/3 \\ 0 & 0 & 1 & 2/3 & 5/6 & 1/6 \\ 0 & 0 & 0 & 1 & 2 & 3 \end{pmatrix}$$

viii．ivと同様にする（ここでは３行目を $-\frac{2}{3}$ 倍し、１行目、２行目に足す）。

$$\boxed{\begin{pmatrix} 0 & 1 & 0 & 0 & 0 & -4/3 \\ 0 & 0 & 1 & 0 & -1/2 & -11/6 \\ 0 & 0 & 0 & 1 & 2 & 3 \end{pmatrix}} \cdots\cdots（答）$$

こうして、任意の行列は簡約化できるが、一般にこの手順を、**行列の基本変形**といい、行列を学ぶ上で極めて重要な考え方である。これを用いると、連立方程式が行列によって効率よく解けたり（元はこのために行列が作られた）、「逆行列」を求めたりすることができる。というわけで、次は逆行列の話をしよう。

或る正方行列 A が

$$AX = XA = E \tag{8.12}$$

を満たしているときの X を、A^{-1} と書き、A の**逆行列**という。これの計算は複雑だが、行列の基本変形の手順に従って行列を簡約化して解くことで、その複雑さを少しは軽減することができる。これも例題形式で見て行こうと思う。例えば、

$$\begin{pmatrix} 2 & -1 & 0 \\ 2 & -1 & -1 \\ 1 & 0 & -1 \end{pmatrix}$$

が与えられたとする。ここで普通に解かずに、(8.12) のことを利用して解いてみたい。つまり、$AX = XA = E$ で単位行列が出てくるならば、

$$\left(\begin{array}{ccc:ccc} 2 & -1 & 0 & 1 & 0 & 0 \\ 2 & -1 & -1 & 0 & 1 & 0 \\ 1 & 0 & -1 & 0 & 0 & 1 \end{array}\right)$$

のようにして、単位行列を後ろに貼り付け、1つの行列とみて簡約化するのである。

ここで重要なのは、与えられた行列と単位行列の間を破線で区切っておくことである。簡約化すると、破線で区切った左側には単位行列が現れ（左に単位行列が現れなければ、その行列は逆行列を持たない)、右側には別の行列が現れる。この行列が、求める逆行列になる。

つまり、この方法で計算すれば、簡約化するだけで、右半分に逆行列が出るというわけである。では実際に、逆行列を出してみよう。

問7

行列 $\begin{pmatrix} 2 & -1 & 0 \\ 2 & -1 & -1 \\ 1 & 0 & -1 \end{pmatrix}$ の逆行列を求めなさい。

（三宅敏恒『入門 線形代数』（培風館）問題 2.4,1（1）より）

解

$$\left(\begin{array}{ccc|ccc} 2 & -1 & 0 & 1 & 0 & 0 \\ 2 & -1 & -1 & 0 & 1 & 0 \\ 1 & 0 & -1 & 0 & 0 & 1 \end{array}\right)$$

$$\left(\begin{array}{ccc|ccc} 1 & 0 & -1 & 0 & 0 & 1 \\ 2 & -1 & -1 & 0 & 1 & 0 \\ 2 & -1 & 0 & 1 & 0 & 0 \end{array}\right) \begin{array}{l} \leftarrow 1\text{行目と}3\text{行目の入れ替え} \\ \\ \\ \end{array}$$

$$\left(\begin{array}{ccc|ccc} 1 & 0 & -1 & 0 & 0 & 1 \\ 0 & -1 & 1 & 0 & 1 & -2 \\ 0 & -1 & 2 & 1 & 0 & -2 \end{array}\right) \begin{array}{l} \\ \leftarrow 1\text{行目}\times(-2)+2\text{行目} \\ \leftarrow 1\text{行目}\times(-2)+3\text{行目} \end{array}$$

$$\left(\begin{array}{ccc|ccc} 1 & 0 & -1 & 0 & 0 & 1 \\ 0 & 1 & -1 & 0 & -1 & 2 \\ 0 & -1 & 2 & 1 & 0 & -2 \end{array}\right) \leftarrow 2\text{行目}\times\frac{1}{-1}$$

$$\left(\begin{array}{ccc|ccc} 1 & 0 & -1 & 0 & 0 & 1 \\ 0 & 1 & -1 & 0 & -1 & 2 \\ 0 & 0 & 1 & 1 & -1 & 0 \end{array}\right) \begin{array}{l} \\ \\ \leftarrow 2\text{行目}\times 1+3\text{行目} \end{array}$$

$$\left(\begin{array}{ccc:ccc} 1 & 0 & -1 & 0 & 0 & 1 \\ 0 & 1 & 0 & 1 & -2 & 2 \\ 0 & 0 & 1 & 1 & -1 & 0 \end{array}\right) \leftarrow 3\text{行目}\times 1+2\text{行目}$$

$$\left(\begin{array}{ccc:ccc} 1 & 0 & 0 & 1 & -1 & 1 \\ 0 & 1 & 0 & 1 & -2 & 2 \\ 0 & 0 & 1 & 1 & -1 & 0 \end{array}\right) \leftarrow 3\text{行目}\times 1+1\text{行目}$$

左側が単位行列になったので、右側に現れた行列が、もとの行列の逆行列である。故に、求める逆行列は、

$$\boxed{\begin{pmatrix} 1 & -1 & 1 \\ 1 & -2 & 2 \\ 1 & -1 & 0 \end{pmatrix}} \cdots\cdots\text{（答）}$$

このように、簡約化ができるだけで行列の計算が楽々できるようになる。

29 量子力学に出てくる行列

ようやく、本格的に量子力学で使う行列の話ができる。主に量子力学で使う行列は、「エルミート行列」と「ユニタリー行列」である。**エルミート行列**とは、複素数を含む行列 A に対する共役な複素数（複素数 $a+bi$ の虚数の符号を変えて $a-bi$ にしたもの）A^* の転置行列 ${}^t(A^*)$ が（これを普通 $A^\dagger$ と書く）もとの行列 A に一致する行列をいう。例えば、

$$A=\begin{pmatrix} 9 & 2+i & 1-3i \\ 2-i & 5 & i \\ 1+3i & -i & 6 \end{pmatrix} \tag{8.13}$$

に対する共役な複素数

$$A^{*}=\begin{pmatrix} 9 & 2-i & 1+3i \\ 2+i & 5 & -i \\ 1-3i & i & 6 \end{pmatrix} \tag{8.14}$$

の転置行列（これを**共役転置行列**という）は、

$$A^{\dagger}={}^{t}(A^{*})=\begin{pmatrix} 9 & 2+i & 1-3i \\ 2-i & 5 & i \\ 1+3i & -i & 6 \end{pmatrix}=A \tag{8.15}$$

となって、もとの行列 A と等しくなる。これを**エルミート行列**といい、このように、ある行列の共役な複素数をとって、それの転置行列を作る作業を**エルミート共役**という。これに対して、**ユニタリー行列**とは、複素数を含む行列 U の共役転置行列 $U^{\dagger}$ と、U の逆行列 U^{-1} が一致する行列をいう。

エルミート行列

行列 A において

$$A=A^{\dagger}$$

ユニタリー行列

行列 U において

$$U^{\dagger}=U^{-1},\ UU^{\dagger}=U^{\dagger}U=E$$

実際の行列力学の問題では、正方行列Aと列ベクトル$\boldsymbol{x}$による

$$A\boldsymbol{x}=\lambda\boldsymbol{x} \qquad (\lambda \text{ はスカラー})$$

というような形の「固有値問題」を解くことになるが、一般に、量子力学の物理量、即ちミクロの物理量はエルミート行列で表せることが知られているので、行列力学の問題とはエルミート行列を使って固有値を求めることである。

30 クロネッカーのデルタ

行列の記法はまだ数多くあるが、最後に次のようなものを紹介して、記法の説明を終えたい。記号δ_{ij}を次のように定義する。

$$\delta_{ij}=\begin{cases}1 & (i=j)\\ 0 & (i\neq j)\end{cases} \tag{8.16}$$

これは行列の(i, j)成分において、iとjが等しくなるときの成分は1で、そうでないときに0であることを示しているから、単純に単位行列のことである。だがこれは、単位行列内部の成分をずらすことができる。

例えば$a_{ij}=\delta_{i+1,j}$と書いたとき、対角成分が1となるのは、$i+1=j$のときだから、

$$(i, j)=(1, 2), (2, 3), \cdots$$

となる。

よって、$\delta_{i+1,j}$の行列が3×3行列とすると、a_{12}、a_{23}が1になり、

それ以外が0になるから、

$$A = a_{ij} = \delta_{i+1,j} = \begin{pmatrix} 0 & 1 & 0 \\ 0 & 0 & 1 \\ 0 & 0 & 0 \end{pmatrix} \tag{8.17}$$

という形にできる。同様に$a_{ij} = \delta_{i-1,j}$はa_{21}、a_{32}が1になる。即ち、これは単位行列を一般化したものである。このδ_{ij}という形の記号は**クロネッカーのデルタ**と呼ばれている。物理数学で$\delta_{i+1,j}$のようには滅多に出てこないが、単位行列を意味するものとしてしばしば出てくる（然し、多くの物理学者はこれを「知っていて当然」のように見ているので、前置きなしに突然出てくることがほとんどである）。

31　$A \times B \neq B \times A$？

これまで記法の話をしてきたが、行列は普通の数と扱い方が違うので、性質の話をしておかなくてはならない。先ず行列の加法、減法は交換法則・結合法則・分配法則等、一般の数学的規則が通用するので問題ないのだが、行列の乗法・除法は少し厄介だ。一般に、結合法則と分配法則は通用するが、交換法則が成り立たない。

つまり、AとBが行列だとすると、$A \times B$と$B \times A$が別物になる、ということである。これが普通の数との決定的な違いだが、こうした性質が量子力学の数学では、顕著に現れることになる。

行列の和・差は行列型が互いに等しいときにのみ定義され、

$$\begin{pmatrix} a & b \\ c & d \end{pmatrix} + \begin{pmatrix} p & q \\ r & s \end{pmatrix} = \begin{pmatrix} a+p & b+q \\ c+r & d+s \end{pmatrix} \tag{8.18}$$

のようにして行なう。また、スカラー倍であれば、

$$\lambda \begin{pmatrix} a & b \\ c & d \end{pmatrix} = \begin{pmatrix} a\lambda & b\lambda \\ c\lambda & d\lambda \end{pmatrix} \tag{8.19}$$

のようになる。一方、積の場合は、

$$\begin{pmatrix} a & b \end{pmatrix} \begin{pmatrix} p \\ q \end{pmatrix} = ap + bq \tag{8.20}$$

$$\begin{pmatrix} a & b \\ c & d \end{pmatrix} \begin{pmatrix} p \\ q \end{pmatrix} = \begin{pmatrix} ap+bq \\ cp+dq \end{pmatrix} \tag{8.21}$$

$$\begin{pmatrix} a & b \\ c & d \end{pmatrix} \begin{pmatrix} p & q \\ r & s \end{pmatrix} = \begin{pmatrix} ap+br & aq+bs \\ cp+dr & cq+ds \end{pmatrix} \tag{8.22}$$

となる。（8.22）に適当な数を代入して、$\begin{pmatrix} a & b \\ c & d \end{pmatrix}\begin{pmatrix} p & q \\ r & s \end{pmatrix}$と$\begin{pmatrix} p & q \\ r & s \end{pmatrix}\begin{pmatrix} a & b \\ c & d \end{pmatrix}$をそれぞれ計算してみれば、乗法について交換法則が一般には成立しないことが容易に確かめられるであろう。

更に、行列を展開して式にすることができる。例えば、

$$A = \begin{pmatrix} a & b \\ c & d \end{pmatrix}$$

という行列は、左斜めに掛けたものから右斜めに掛けたものを引いて、

$$ad - bc \tag{8.23}$$

という風に展開される。これを、元の行列 A に対する**行列式**といい、$\det A$ と書く（det は、行列式を意味する determinant の略）。

32 行列力学の考え方

正方行列 A と列ベクトル $\boldsymbol{x}$ について、

$$A\boldsymbol{x}=\lambda\boldsymbol{x} \tag{8.24}$$

を満たす列ベクトル $\boldsymbol{x}$ と数（スカラー）λ が存在するとき、x は A に対する**固有ベクトル**、λ は A の**固有値**という風にいう。この方程式を解くのが、**固有値問題**であるが、固有値は、

$$\begin{vmatrix} a_{11}-\lambda & a_{12} & a_{13} & \cdots & a_{1n} \\ a_{21} & a_{22}-\lambda & a_{23} & \cdots & a_{2n} \\ a_{31} & a_{32} & a_{33}-\lambda & \cdots & a_{3n} \\ \cdots & \cdots & \cdots & \cdots & \cdots \\ a_{n1} & a_{n2} & a_{n3} & \cdots & a_{nn}-\lambda \end{vmatrix}=0 \tag{8.25}$$

という形の**永年方程式**（数学では**固有方程式**という）を作り、λ を求めることで得られることが知られている（ここで、(8.25) の左辺を**永年多項式**または**固有多項式**という）。難しく見えてしまうが、単に行列の対角成分から固有値を引いているだけである。

さて、やっと量子力学らしい話をする。少し復習しよう。前節では、あらゆるミクロの物理量には粒子と波動の二重性がある、というド・ブロイの考えを説明していたのだった。そして、これに基づき、これまで粒子と考えていたミクロの物理量、例えば電子なども

波動と考えられる。そこで、この波をド・ブロイ波と呼ぶ、という話だった。

更にこの話を進めるが、数学的定式化によって量子の状態を記述するには、ド・ブロイ波を記述する方程式を作るのが一番である。これは、ド・ブロイ波の「形」を数式で表すことになるから、1つの関数を形成しているといえる。これを、**波動関数**といい、ψで表す。これはプランク定数と並んで、量子力学上最も重要な概念の一つである。

ところで、**完全規格直交系**というものがある。これは関数を展開する手段だが、波動関数も関数である以上これを使って展開することができる、波動関数の完全規格直交系を、

$$\phi_n(x) \qquad (n=1,\ 2,\ 3,\ \cdots) \tag{8.26}$$

とおいて展開すると、

$$\psi(x)=c_1\phi_1(x)+c_2\phi_2(x)+\cdots=\sum_n c_n\phi_n(x) \tag{8.27}$$

という形になる。ここでc_nは、複素係数で、xは位置座標である。ここで重要なのは、これを書き換えて行列の形にできることである。行列を用いて書くと、

$$\psi(x)=c_1\begin{pmatrix}1\\0\\0\\0\\\vdots\end{pmatrix}+c_2\begin{pmatrix}0\\1\\0\\0\\\vdots\end{pmatrix}+\cdots\cdots=\begin{pmatrix}c_1\\c_2\\c_3\\c_4\\\vdots\end{pmatrix} \tag{8.28}$$

となり、波動関数は列ベクトルで表せる、ということが分かる。また、ψの共役な複素数ψ^*は、

$$\psi^*(x)=(c_1^*,\ c_2^*,\ c_3^*,\ c_4^*,\ \cdots) \tag{8.29}$$

という形の行ベクトルで表せることが知られている。ここで思い出して頂きたいのは、固有値問題である。もう一度書くと、

$$A\boldsymbol{x}=\lambda\boldsymbol{x}$$

のときのλ（固有値）を求める問題で、Aが正方行列、$\boldsymbol{x}$が列ベクトルという話だった。$\boldsymbol{x}$が列ベクトルということは、ここに適するのは勿論ψである。

また、前に少し触れたが、量子力学の物理量はエルミート行列で表せる。そして、エルミート行列の形は正方行列である。こうなれば、当然Aは物理量を意味する。即ちこれが行列力学の核心であるが、

$$A\psi=\lambda\psi \tag{8.30}$$

という固有値問題を解くことによって、ド・ブロイ波の状態を知ろうというわけである。こうして固有値問題を解くことに帰着したので、後は計算してみれば良いではないか、となるのだが、それがそう単純な話ではない。エルミート行列で表される物理量はたいへん複雑で、計算式にすると気力を失わせるような厄介なものとなり、物理的イメージどころか、計算もままならないような状況である。

そういうことであるから、実際の行列力学の例題を示して解いてみせるのは、本書の範囲を大きく超えるものと思われる。然し、ここで終わるのも勿体ないので、計算の方法だけ説明しておこうと思う。

これは、実際のエルミート行列は極めて難解なので、計算方法を紹介するために簡略化したエルミート行列である。ここでは、これが何らかの物理量 A であるとして、その固有値と波動関数の複素係数を求めるが、これらは単なる値であって、特別な物理的意味はない。あくまで、計算過程を概観するための問題である。

問 8　エルミート行列、$A=\begin{pmatrix} 1 & i & 0 \\ -i & 0 & -i \\ 0 & i & 1 \end{pmatrix}$ において、次のものを求めなさい。

(1) 固有値 λ　　(2) 波動関数（列ベクトル）ψ

(3) A を対角行列に変換するユニタリー行列 U と、その変換結果

（竹内薫『アインシュタインとファインマンの理論を学ぶ本［増補版］』（工学社）、小暮陽三『なっとくする演習・量子力学』（講談社）演習問題 2.14 より、一部改）

解　(1) 先ず、固有値問題の式（8.24）に従って行列をつくる（固有値はスカラーだから、λ はスカラー行列となる）。

$$\underbrace{\begin{pmatrix} 1 & i & 0 \\ -i & 0 & -i \\ 0 & i & 1 \end{pmatrix}}_{A}\underbrace{\begin{pmatrix} c_1 \\ c_2 \\ c_3 \end{pmatrix}}_{\psi}=\underbrace{\begin{pmatrix} \lambda & 0 & 0 \\ 0 & \lambda & 0 \\ 0 & 0 & \lambda \end{pmatrix}}_{\lambda}\underbrace{\begin{pmatrix} c_1 \\ c_2 \\ c_3 \end{pmatrix}}_{\psi} \tag{8.31}$$

次にこれを、永年方程式の形にする。

$$\begin{pmatrix} 1-\lambda & i & 0 \\ -i & 0-\lambda & -i \\ 0 & i & 1-\lambda \end{pmatrix}\begin{pmatrix} c_1 \\ c_2 \\ c_3 \end{pmatrix}=\begin{pmatrix} 0 \\ 0 \\ 0 \end{pmatrix} \tag{8.32}$$

ここで、物理量 A に対応する係数の行列、

$$\begin{pmatrix} 1-\lambda & i & 0 \\ -i & 0-\lambda & -i \\ 0 & i & 1-\lambda \end{pmatrix} \tag{8.33}$$

を行列式にして展開することを試みる。

こういう行列を行列式にするには、(8.33) の第１行に着目して、次のように展開する。

$$\Big\{\underbrace{(1-\lambda)}_{a_{11}\text{成分}}\underbrace{\begin{pmatrix} 0-\lambda & -i \\ i & 1-\lambda \end{pmatrix}}_{\begin{pmatrix} a_{22} & a_{23} \\ a_{32} & a_{33} \end{pmatrix}\text{を並べたもの}}\Big\}-\Big\{\underbrace{i}_{a_{12}\text{成分}}\underbrace{\begin{pmatrix} -i & -i \\ 0 & 1-\lambda \end{pmatrix}}_{\begin{pmatrix} a_{21} & a_{23} \\ a_{31} & a_{33} \end{pmatrix}\text{を並べたもの}}\Big\}$$

$$+\Big\{\underbrace{0}_{a_{13}\text{成分}}\underbrace{\begin{pmatrix} -i & 0-\lambda \\ 0 & i \end{pmatrix}}_{\begin{pmatrix} a_{21} & a_{22} \\ a_{31} & a_{32} \end{pmatrix}\text{を並べたもの}}\Big\}$$

$$=(1-\lambda)\{(0-\lambda)(1-\lambda)-(-i)i\}$$

$$+(-i)\{-i(1-\lambda)-(-i)\times 0\}+0\{-i\times i-(0-\lambda)\times 0\}$$

$$=(1-\lambda)\{-\lambda(1-\lambda)-1\}-(1-\lambda)$$
$$=(1-\lambda)(\lambda^2-\lambda-2)$$
$$=(1-\lambda)(\lambda+1)(\lambda-2)=0 \tag{8.34}$$

すると、右辺が0なのだから、3次方程式の要領で固有値は、

$$\boxed{\lambda=1,\ -1,\ 2}\ \cdots\cdots\ (答)$$

と求まる。これが本当の行列力学の問題であれば、ここで出てきた値が、物理量 A を観測した結果となる。

（2）は、$\lambda=1$ のとき、$\lambda=-1$ のとき、$\lambda=2$ のときに場合分けして複素係数を決めることで解ける。

（2） i．$\lambda=1$ のとき λ_1

もとの永年方程式（8.31）に $\lambda=1$ を代入して、

$$\begin{pmatrix} 0 & i & 0 \\ -i & -1 & -i \\ 0 & i & 0 \end{pmatrix}\begin{pmatrix} c_1 \\ c_2 \\ c_3 \end{pmatrix}=\begin{pmatrix} 0 \\ 0 \\ 0 \end{pmatrix} \tag{8.35}$$

を得る。（8.31）で、c_1 の左側の行ベクトルを右から左に読むと c_3 の左側の行ベクトルに、c_3 の左側の行ベクトルを右から左に読むと c_1 の左側の行ベクトルになるので、$c_1=-c_3$、また、$c_2=0$ だから、

$$\psi=\begin{pmatrix} 1 \\ 0 \\ -1 \end{pmatrix}$$

となるはずだが、量子力学ではψの共役な複素数ψ^*（行ベクトル）とψ（列ベクトル）の積は１にならなくてはならないから、

$$(1\quad 0\quad -1)\begin{pmatrix} 1 \\ 0 \\ -1 \end{pmatrix}$$

というスカラーが１になるように、成分に規格化係数（この係数は問題によっていろいろである）$\dfrac{1}{\sqrt{2}}$を掛ける。これを**規格化**するという。

このことを確認すると、

$$(1/\sqrt{2}\quad 0\quad -1/\sqrt{2})\begin{pmatrix} 1/\sqrt{2} \\ 0 \\ -1/\sqrt{2} \end{pmatrix}$$

$$=\frac{1}{\sqrt{2}}\times\frac{1}{\sqrt{2}}+0\times 0+\left(-\frac{1}{\sqrt{2}}\right)\times\left(-\frac{1}{\sqrt{2}}\right)$$

$$=\frac{1}{2}+0+\frac{1}{2}=1 \tag{8.36}$$

となって、確かに$\dfrac{1}{\sqrt{2}}$を掛ければ規格化ができることが分かる。

つまり、一般化して、

$$(A-\lambda E)\begin{pmatrix} a \\ b \\ c \end{pmatrix}=0 \tag{8.37}$$

を解けば良いことになる。

故に、$\lambda=1$のときは

$$\psi = \begin{pmatrix} 1/\sqrt{2} \\ 0 \\ -1/\sqrt{2} \end{pmatrix} \tag{8.38}$$

となる。

ii．$\lambda = -1$のときλ_2

iii．$\lambda = 2$のときλ_3

i と同様である。iiのとき、$c_1 = c_3$、$c_2 = 2ic_3$となり、1に規格化すると（この場合は虚数が入っているので、行ベクトルの虚数の符号を変えるのを忘れずに）、

$$\psi = \begin{pmatrix} 1/\sqrt{6} \\ 2i/\sqrt{6} \\ 1/\sqrt{6} \end{pmatrix} \tag{8.39}$$

となる。

iiiのとき、$c_1 = c_3$、$c_2 = -ic_3$となり、1に規格化すると、

$$\psi = \begin{pmatrix} 1/\sqrt{3} \\ -i/\sqrt{3} \\ 1/\sqrt{3} \end{pmatrix} \tag{8.40}$$

となるから、ψの値は固有値の値がどれかによって決まる。よって、(8.38)～(8.40) をまとめると

$$\begin{cases} \lambda=1 \quad \text{のとき}(\lambda_1) \quad \psi=\begin{pmatrix} 1/\sqrt{2} \\ 0 \\ -1/\sqrt{2} \end{pmatrix} \\ \lambda=-1 \quad \text{のとき}(\lambda_2) \quad \psi=\begin{pmatrix} 1/\sqrt{6} \\ 2i/\sqrt{6} \\ 1/\sqrt{6} \end{pmatrix} \\ \lambda=2 \quad \text{のとき}(\lambda_3) \quad \psi=\begin{pmatrix} 1/\sqrt{3} \\ -i/\sqrt{3} \\ 1/\sqrt{3} \end{pmatrix} \end{cases} \cdots\cdots \text{(答)}$$

である。

(3) 対角行列に変換するには、単純に、(2) の３つのψを並べて

$$U=\begin{pmatrix} 1/\sqrt{2} & 1/\sqrt{6} & 1/\sqrt{3} \\ 0 & 2i/\sqrt{6} & -i/\sqrt{3} \\ -1/\sqrt{2} & 1/\sqrt{6} & 1/\sqrt{3} \end{pmatrix} \cdots\cdots \text{(答)} \qquad (8.41)$$

となる。また、対角行列への変換結果は、(8.41) の逆行列U^{-1}を求めて$U^{-1}AU$という形を作れば良いのだが、わざわざU^{-1}を求めなくても、対角成分にλ_1～λ_3を並べれば、

$$U^{-1}AU=\begin{pmatrix} \lambda_1 & 0 & 0 \\ 0 & \lambda_2 & 0 \\ 0 & 0 & \lambda_3 \end{pmatrix}=\begin{pmatrix} 1 & 0 & 0 \\ 0 & -1 & 0 \\ 0 & 0 & 2 \end{pmatrix} \cdots\cdots \text{(答)} \qquad (8.42)$$

となる。

33 はなはだ手に負えない代物

行列力学という体系を最初に考えたのは、ドイツの**ヴェルナー・カール・ハイゼンベルク**である。彼は早熟な天才で、行列力学の方法を編み出した時はまだ24歳であり、信じられないことではあるが、彼自身行列という数学を全く知らずに自己流で一から作り出したのだ。

現在の行列力学は、ハイゼンベルクが自己流で編み出したものに、彼の師である**マックス・ボルン**や友人の**ヴォルフガング・パウリ**、**パスカル・ヨルダン**らがより一般的な形になるよう手を加えたものである。

ハイゼンベルクがこの方法を思いついたとき、彼は枯草熱（発熱する花粉症）を患い、二週間の休暇で北海のヘリゴランド島へ保養に行っている最中であった。彼は、体調がよくなるとすぐに、量子力学の問題にとりかかった。そのときの一番の悩みは、自分の理論でエネルギー保存則が成立するかどうかだった。仮に成立していなければ、彼の理論は間違っていることになる。そしてある夜遅く、ついに彼はエネルギー保存則は自分の理論で確かに成り立っていることを証明した。そのときのことを、彼は次のように回想している。

「最初の一項でエネルギー則が本当に確認されたときに、私はある興奮状態に陥ってしまい、それから先の計算では何度も何度も計算のミスを繰り返してしまったほどだった。それで計算の最終的な結果が出たのは、ほとんど夜中の三時頃であった。エネルギー則はすべての項で成り立っていることが証明された。そしてこれが全部ひとりでに、いかなる無理もなく出てきたので、それによって輪郭の示された量子力学の自己無矛盾性と、首尾一貫した体系を作っていることに私はもはや疑いを抱き得なかった。最初の瞬間には私は心底から驚愕した。私は原子現象の表面を突き抜けて、その背後に深く横たわる独特の内部的な美しさをもった土台をのぞきみたような感じがした。そして自然が私の前に展開してみせたおびただしい数学的構造のこの富を、今や私は追わねばならないと考えたとき、私はほとんどめまいを感じたほどだった。」

若き天才が、独力で量子力学の新たな道を見出した瞬間の感動は、何物にも代え難いものであったに違いない。

このハイゼンベルクの理論を、師であるボルンや、批判屋で知られていたパウリは受け入れたが、当時行列は、物理で必要とされることがほとんどなく、当時のほとんどの物理屋は知らなかった（当のハイゼンベルクもその一人である）。アインシュタインですら、その奇妙な演算規則に対して「手品というしかない計算」と述べ、ボーアも「おそらく基本的な重要性を持つ一歩」ではあるが「あの理論はまだ原子構造の諸問題に応用できる段階ではない」と考えていた。

然し、これについては、ハイゼンベルクより先にポール・ディラックとパウリがそれぞれ行列力学によって水素原子の問題を解き、エネルギー準位の式を導くのに成功した。当時の物理学者の心境をよく伝えている文章として有名なのが、朝永振一郎の教科書として世界的にも有名な『量子力学』第I巻の終わりの文章である。本節も、この文を引用して終わりにしたいと思う。

> 「マトリックス力学によって実際問題を解くことは、はなはだ面倒である。Pauli と Dirac（ディラック）とはそれぞれマトリックス力学およびそれと類似の方法によって水素原子の問題を解いて、そのエネルギー準位として実際に（18.10）が得られることを示した。しかし、その計算はきわめて複雑である。ここで波動力学の助けがなかったなら、量子力学は、はなはだ手におえないしろものになったであろう。しかし幸いにも波動力学が発見されて、われわれにもっと親しみ深い数学を用いて、問題を解くことを可能にしてくれた。」

Ⅸ 波動力学

34 シュレーディンガー方程式

以前から述べていることではあるが、量子の状態を数学的に知るためには、ド・ブロイ波を一つの関数とみて式を立てることが必要である。前節で扱った行列力学はその手段の一つであるが、前節で少しみたように、計算が難しく、物理的イメージが得にくい。

そこで求められたのはド・ブロイ波に対する方程式、つまり波動方程式である。古典力学の波動方程式は、与えられた波源と初期条件、境界条件に従ってこれを解くと、波が時間によってどのように伝搬していくか、波の媒質がどのように振動するかといったことが分かるが、ド・ブロイ波も波である以上波動方程式が存在し、そしてそれは古典力学のときと同様、ミクロの世界における量子の状態を明瞭に示すはずである。

こうした考えのもと、解析力学を用いて、オーストリアの**エルヴィン・ルドルフ・ヨーゼフ・アレクサンダー・シュレーディンガー**は、ド・ブロイ波の運動を支配する新しい方程式を見出し、1926年、それを論文『**固有値問題としての量子化**』の中で示した。それは、次のような形をしている。

$$i\hbar\frac{\partial}{\partial t}\psi=-\frac{\hbar^2}{2m}\cdot\frac{\partial^2}{\partial x^2}\psi+V\psi \tag{9.1}$$

これが現在**シュレーディンガー方程式**と呼ばれる方程式の基本形であり、量子力学の基礎方程式として、物理学の数式の中でも特に重要な式の一つに位置付けられるものである。

シュレーディンガー方程式は波動関数を解に持ち、行列力学同様それを普通 ψ と書く。シュレーディンガー方程式を基礎とする量子力学が**波動力学**である。

これからこの方程式を考察していくが、先ずこれを直感的に導出することを試みたい。シュレーディンガーは解析力学を使って導いたが、その方法はたいへん抽象的なので、ここではもっと直観的な方法で導いてみよう。

前提条件として、次の式を用いる。

$$E=h\nu \tag{9.2}$$

$$p=\frac{h}{\lambda} \tag{9.3}$$

$$E=\frac{p^2}{2m}+V \tag{9.4}$$

(9.2) や (9.3) は見飽きているはずであるから説明の必要はないであろう。(9.4) はニュートン力学でいう所の**力学的エネルギー**で、運動エネルギー $\frac{1}{2}mv^2$ を、運動量 p を用いて $\frac{p^2}{2m}$ と書き直したものとポテンシャルエネルギー（位置エネルギー）V との和を示すものである。

問 9　(9.2)～(9.4) を仮定することにより、シュレーディンガー方程式の基本形 (9.1) を導きなさい。

解　振幅を A とおいて、波動関数を単純な波と考えると、

$$\psi = A\cos\left\{2\pi\left(\frac{x}{\lambda} - \nu t\right)\right\} \tag{9.5}$$

となるから、これに (9.2) と (9.3) を代入すると、

$$\psi = A\cos\left\{2\pi\left(\frac{px}{h} - \frac{Et}{h}\right)\right\} \tag{9.6}$$

が得られる。この右辺を見ると x、t という 2 変数を含む関数になっているのが分かるが、ψ は波であるから、時間によって変化することを示している。

そこで、これを強調して $\psi(x, t)$ と書くときもある。次に p または E を括弧の外に出すことを考える。そのためには微分が必要だが、ここで ψ が 2 変数を含んでいることに注意しなければならない。即ち、x での微分と t での微分は別個のものとしなければならない。

ここで**偏微分**を導入する。これは、注目する変数以外は定数として扱う（固定して考える）微分で、例えば x を定数とみて t で微分することを $\dfrac{\partial}{\partial t}$ と書く。

これに対してこれまでの $\dfrac{d}{dt}$、$\dfrac{d^2}{dx^2}$ のような微分を**常微分**という

が、計算方法や公式は基本的に同じである。

これを踏まえて、(9.6) を x で偏微分すると（先に t で偏微分して、E を取り出しても良い）、

$$\frac{\partial}{\partial x}\psi = -\frac{2\pi}{h}pA\sin\left\{2\pi\left(\frac{px}{h}-\frac{Et}{h}\right)\right\} \tag{9.7}$$

となり、両辺に $-\hbar$ を掛けて、

$$-\hbar\frac{\partial}{\partial x}\psi = pA\sin\left\{2\pi\left(\frac{px}{h}-\frac{Et}{h}\right)\right\} \tag{9.8}$$

を得る。偏微分によって cos が sin になってしまったが、(9.6) で括弧に入っていた p を無事に取り出すことができた。右辺も ψ で表したいから、三角関数から指数関数に改める。これを使えば、何回微分しても形が保たれる。この関数を使うために、次の公式を導入する。

$$e^{i\theta} = \cos\theta + i\sin\theta \tag{9.9}$$

これは、**オイラーの公式**と呼ばれており、虚数 $i\theta$ を変数とする指数関数 $e^{i\theta}$ を表す式で、複素関数論をやれば、初めの方で必ず出てくる有名で強力な式である。これは、次のように表しても良い。

$$\exp(i\theta) = \cos\theta + i\sin\theta \tag{9.10}$$

これは、e の指数が長くなるときがあるので（プランクの法則のあたりで出てきた $e^{\frac{h\nu}{k_B T}}$ などがそれである。これも、$\exp\left(\frac{h\nu}{k_B T}\right)$ と書くことができる）、指数を使わずに書く形式だが、e^x と $\exp(x)$

は全く同等なものである。さて、(9.6) を

$$\psi = Ae^{\frac{2\pi i}{h}(px-Et)} = A\exp\left\{\frac{2\pi i}{h}(px-Et)\right\} \tag{9.11}$$

と書き直せば、(9.9) から

$$\psi = A\cos\left\{2\pi\left(\frac{px}{h}-\frac{Et}{h}\right)\right\}+iA\sin\left\{2\pi\left(\frac{px}{h}-\frac{Et}{h}\right)\right\} \tag{9.12}$$

これを再度 x で偏微分すると、

$$\frac{\partial}{\partial x}\psi = \frac{2\pi i}{h}pA\exp\left\{\frac{2\pi i}{h}(px-Et)\right\}$$

$$= \frac{2\pi i}{h}p\psi \tag{9.13}$$

として右辺にも ψ が現れた。やはり、$-i\hbar$を掛けて、

$$-i\hbar\frac{\partial}{\partial x}\psi = p\psi \tag{9.14}$$

という形になる。同様に t で偏微分して（先に t で偏微分したときは x で偏微分）

$$i\hbar\frac{\partial}{\partial t}\psi = E\psi \tag{9.15}$$

となる。また、(9.4) の両辺に ψ を作用させた式

$$E\psi = \frac{p^2}{2m}\psi + V\psi \tag{9.16}$$

に (9.15) を代入すると、

$$i\hbar\frac{\partial}{\partial t}\psi=\frac{p^2}{2m}\psi+V\psi \tag{9.17}$$

ができ、ψ を x で 2 回偏微分して、$-i\hbar$ を 2 回掛けると、

$$p^2\psi=(-i\hbar)^2\frac{\partial^2}{\partial x^2}\psi=-\hbar^2\frac{\partial^2}{\partial x^2}\psi \tag{9.18}$$

だから、これを（9.17）に代入すると、

$$\boxed{i\hbar\frac{\partial}{\partial t}\psi=-\frac{\hbar^2}{2m}\cdot\frac{\partial^2}{\partial x^2}\psi+V\psi}$$ ……（答）

となって、シュレーディンガー方程式を見事導くことができる（よく知られていることではあるが、これはシュレーディンガー方程式の厳密な導出ではなく、また真に厳密な導出を与えることはできない。このことは、ニュートンの運動方程式が厳密に導けない（経験的に知ることしかできない）のと同じ事情である。従って、この方程式の正しさは、問題をこれで解いたときの結果と実験結果との整合性によってのみ完全に立証される）。

シュレーディンガー方程式（基本形）

$$i\hbar\frac{\partial}{\partial t}\psi=-\frac{\hbar^2}{2m}\cdot\frac{\partial^2}{\partial x^2}\psi+V\psi$$

35　ハミルトニアンから量子化へ

次に、シュレーディンガー方程式の構造的な話をする。ニュートン力学を数学的により抽象化することで複雑な問題も扱えるように

した発展的なニュートン力学を**解析力学**というが、そこでは**ハミルトニアン**なるものが登場する。

とりあえずこれを運動エネルギーとポテンシャルエネルギーの和のことだ、と定義しておこう（本当はもう少し複雑だが、これからの議論ではこのように考えて差し支えない）。

だが、これでは力学的エネルギーと同等ではないか、と仰るかもしれない。確かに物理的な意味は同じだが、これは普通の数ではなく**演算子**（数学ではこれを**作用素**と呼ぶ）という代物である。

演算子について厳密に述べるとかなり抽象的な話になるので、ざっくりと「こういう計算をせよ」という指令（命令）を出すものだと考えて頂きたい。演算子は行列のように乗法について交換法則が成立しないので、書く場所が決まっている。例えば積分記号$\int$がそれで、積分記号をいつも式の最初に置くのは、これが演算子であるからだ。

指令は状況によって色々あるが、ハミルトニアンなら運動エネルギーとポテンシャルの和をとれ、という指令が基本で、その前、或いは後ろにくる関数を作用させろというような意味を持つことがある（但し、単にxの演算子、といったときにはxを掛けよという単純な指令になる）。

さて、ハミルトニアンは記号$\widehat{H}$で表し（$\hat{}$は演算子の記号で、「ハット」と読むのだが、ただの演算子ではなく、ハミルトニアンであることを強調するためにHの筆記体で書いている本もある）、前述の定義より、

$$\widehat{H}=\frac{p^2}{2m}+V \tag{9.19}$$

というわけだが、これを踏まえて、(9.1) を考えてみたい。

(9.1) の導出で用いた (9.14) をもう一度書くと、

$$-i\hbar\frac{\partial}{\partial x}\psi=p\psi$$

であるが、ここで両辺の ψ を除いて考えると、運動量 p は、

$$p=-i\hbar\frac{\partial}{\partial x} \tag{9.20}$$

に対応するのだと分かる。ここでこれを、(9.19) に代入してみると、

$$\begin{aligned}\widehat{H}&=\left(-i\hbar\frac{\partial}{\partial x}\right)^2\cdot\frac{1}{2m}+V\\&=-\frac{\hbar^2}{2m}\cdot\frac{\partial^2}{\partial x^2}+V\end{aligned} \tag{9.21}$$

これは、見覚えがあるはずである。何故なら (9.1) の右辺の ψ を除いた形になっているからだ。つまり、(9.1) において、

$$\begin{aligned}(\text{右辺})&=-\frac{\hbar^2}{2m}\cdot\frac{\partial^2}{\partial x^2}\psi+V\psi\\&=\left(-\frac{\hbar^2}{2m}\cdot\frac{\partial^2}{\partial x^2}+V\right)\psi\\&=\widehat{H}\psi\end{aligned} \tag{9.22}$$

となるのである。そして、同様に (9.15) の両辺の ψ を除いて考え

ると、

$$E = i\hbar \frac{\partial}{\partial t} \tag{9.23}$$

なのだが、これは（9.1）の左辺と等しい。よって、次の式が導かれる。

$$E\psi = \widehat{H}\psi \tag{9.24}$$

これをよく見ると、行列力学に出てきた、

$$A\psi = \lambda\psi$$

という固有値問題との対応に気づくはずである。（9.24）から、シュレーディンガー方程式は微分方程式でありながら、同時に固有値問題でもあるのだと分かる。

固有値問題の形のシュレーディンガー方程式

$$E\psi = \widehat{H}\psi$$

このとき、$\widehat{H}$ はエネルギーの演算子であるから、ここで E を**エネルギー固有値**ということがある。

こうして、$\widehat{H}$ は解析力学のみならず量子力学にも現れることが分かったが、量子力学における $\widehat{H}$ を特に**量子力学的ハミルトニアン**というときがあり、古典力学のハミルトニアンとは区別して考えるが、その本質は同義である。

（古典力学的）ハミルトニアン

$$\widehat{H} = \frac{p^2}{2m} + V$$

量子力学的ハミルトニアン

$$\widehat{H} = -\frac{\hbar^2}{2m} \cdot \frac{\partial^2}{\partial x^2} + V$$

それから、(9.1) では V（ポテンシャルエネルギー）を加えて考えたが、Vが 0 のときもあって、そのときは $+0$ になるから、

$$i\hbar \frac{\partial}{\partial t}\psi = -\frac{\hbar^2}{2m} \cdot \frac{\partial^2}{\partial x^2}\psi \tag{9.25}$$

という式になる。この $V=0$ の形のシュレーディンガー方程式は**自由粒子のシュレーディンガー方程式**と呼ばれる。

自由粒子のシュレーディンガー方程式

$$i\hbar \frac{\partial}{\partial t}\psi = -\frac{\hbar^2}{2m} \cdot \frac{\partial^2}{\partial x^2}\psi$$

また、ここまでの話は全て、1 次元に限った話であった。次にこれを 3 次元に拡張することを考える。座標 x と時間 t を詳しく書くと、(9.1) は次のようになる。

$$i\hbar \frac{\partial}{\partial t}\psi(x,\ t) = -\frac{\hbar^2}{2m} \cdot \frac{\partial^2}{\partial x^2}\psi(x,\ t) + V(x)\psi(x,\ t) \tag{9.26}$$

ここでψが$(x,\ t)$なのは前述の通り、波は時間によって位置と共に変化するからだが、Vが(x)なのは、ポテンシャルエネルギーが時間によって変化しない、ということを示している。

Vが時間によって変わってはならない、という理由は特にないが、これを$V(x,\ t)$とすると方程式が難解になるので、このように書くことはあまりない。これは３次元の方程式に容易に拡張できて、

$$i\hbar\frac{\partial}{\partial t}\psi(x,\ y,\ z,\ t)$$
$$=\left\{-\frac{\hbar^2}{2m}\cdot\left(\frac{\partial^2}{\partial x^2}+\frac{\partial^2}{\partial y^2}+\frac{\partial^2}{\partial z^2}\right)+V(x,\ y,\ z)\right\}\psi(x,\ y,\ z,\ t) \tag{9.27}$$

になるのだが、x、y、zがあまりにも多いので、これらを位置ベクトル$\boldsymbol{r}$の成分とみることにする。また、右辺の$\frac{\partial^2}{\partial x^2}$は３次元なので、

$$\frac{\partial^2}{\partial x^2}+\frac{\partial^2}{\partial y^2}+\frac{\partial^2}{\partial z^2}$$

と拡張されたが、数学のベクトル解析という分野では、

$$\nabla^2=\Delta\equiv\frac{\partial^2}{\partial x^2}+\frac{\partial^2}{\partial y^2}+\frac{\partial^2}{\partial z^2} \tag{9.28}$$

と定義しているので、これらを利用すると、

$$i\hbar\frac{\partial}{\partial t}\psi(\boldsymbol{r},\ t)=\left\{-\frac{\hbar^2}{2m}\cdot\nabla^2+V(\boldsymbol{r})\right\}\psi(\boldsymbol{r},\ t) \tag{9.29}$$

と見やすい形になる（これから、特に断らない限り、簡単のために

1次元で考える)。

3次元のシュレーディンガー方程式

$$i\hbar\frac{\partial}{\partial t}\psi(\boldsymbol{r},\ t)=\left\{-\frac{\hbar^2}{2m}\cdot\nabla^2+V(\boldsymbol{r})\right\}\psi(\boldsymbol{r},\ t)$$

ここで、∇は**ナブラ**、Δは**ラプラシアン**という微分演算子である。記号は異なるが、∇^2とΔは全く同じなのでどちらを使っても構わない。

念のために書いておくと、

$$\nabla\equiv\boldsymbol{i}\frac{\partial}{\partial x}+\boldsymbol{j}\frac{\partial}{\partial y}+\boldsymbol{k}\frac{\partial}{\partial z} \tag{9.30}$$

である。但し、$\boldsymbol{i}$、$\boldsymbol{j}$、$\boldsymbol{k}$は単位ベクトル（大きさが1のベクトル）なので直観的には、$\boldsymbol{i}$、$\boldsymbol{j}$、$\boldsymbol{k}$は外して考えて良い。

ナブラ

$$\nabla\equiv\boldsymbol{i}\frac{\partial}{\partial x}+\boldsymbol{j}\frac{\partial}{\partial y}+\boldsymbol{k}\frac{\partial}{\partial z}$$

ラプラシアン

$$\nabla^2=\Delta\equiv\frac{\partial^2}{\partial x^2}+\frac{\partial^2}{\partial y^2}+\frac{\partial^2}{\partial z^2}$$

以上のことを経験的に考えると、古典力学の中にあったハミルトニアンを、量子力学のシュレーディンガー方程式に組み込めたことになるので、古典力学から量子力学に移行するには一連の決まった手続きがありそうだ、という推論に至る。

このことを古典的な（9.19）から量子力学の基礎方程式（9.1）への移行を考えることにより確認する。（9.19）は、

$$\widehat{H} \equiv \frac{p^2}{2m} + V$$

であった。ここで p を

$$-i\hbar\frac{\partial}{\partial x}$$

に置き換えると（9.1）の右辺が現れる。そして、ニュートン力学より、$\widehat{H}$ は力学的エネルギー E と同じだから、

$$E = \frac{p^2}{2m} + V$$

であった。ここで E を

$$i\hbar\frac{\partial}{\partial t}$$

に置き換えると（9.1）の左辺が現れる。こうして置き換えたもの同士を符号で結び、ψ に作用させると、

$$i\hbar\frac{\partial}{\partial t}\psi = \left(-\frac{\hbar^2}{2m}\cdot\frac{\partial^2}{\partial x^2} + V\right)\psi$$

となって、（9.1）が完成する。よって、古典力学から量子力学への移行を考えるときには、

$$\begin{cases} p \longrightarrow -i\hbar\dfrac{\partial}{\partial x} \\ E \longrightarrow i\hbar\dfrac{\partial}{\partial t} \end{cases} \tag{9.31}$$

という変換が必要であることが分かる。この重要な手続きを**量子化（の手続き）**という。

量子化（の手続き）

$$p \longrightarrow -i\hbar\frac{\partial}{\partial x}$$

$$E \longrightarrow i\hbar\frac{\partial}{\partial t}$$

ここで、3次元へ拡張するときは、p はベクトルの $\boldsymbol{p}$ となることに注意しなくてはならない。そのときは、p のみ

$$\boldsymbol{p} \longrightarrow -i\hbar\nabla \tag{9.32}$$

となる。

3次元の量子化（の手続き）

$$\boldsymbol{p} \longrightarrow -i\hbar\nabla$$

$$E \longrightarrow i\hbar\frac{\partial}{\partial t}$$

ここで、矢印を等号にしてはならないことに注意する必要がある。実際に E と $i\hbar\dfrac{\partial}{\partial t}$ が等しいわけではない。量子力学と古典力学はやはり別物なのであって、こういう対応は極端な話、たまたま存在し

ただけであり、単なる「手続き」なのだと理解すべきである。よって、これを等号にするには、p や E は普通の古典的な数ではなく、量子的な演算子とみるべきである（よって、実は（9.20）と（9.23）は正しい式ではない）。

この p と E を演算子と考えると、(9.30) より、p は「x で偏微分し $-i\hbar$ を掛けよ」、E は「t で偏微分し $i\hbar$ を掛けよ」という指令であるといえる。

そこで $\widehat{p}=-i\hbar\dfrac{\partial}{\partial x}$ を**運動量演算子**、$\widehat{E}=i\hbar\dfrac{\partial}{\partial t}$ を**エネルギー演算子**と呼んでいる。

運動量演算子

$$\widehat{p}=-i\hbar\frac{\partial}{\partial x}$$

エネルギー演算子

$$\widehat{E}=i\hbar\frac{\partial}{\partial t}$$

これは量子力学が奇怪に見える理由の一つである。何しろ物理量が普通の数ではなく演算子になってしまうのだ。これは古典力学では到底理解できない。演算子は普通の数とは違うので、演算規則の一つ「交換法則」が乗法について成立しない。行列と同じである。

量子力学に出てくる物理量は、波動力学ではこのように演算子になるが、量子力学の物理量で表す演算子を、行列力学のエルミート行列の類推から特に**エルミート演算子**という（エルミート演算子の性質はエルミート行列と全く同じである）。

ハミルトニアンもエルミート演算子であり、ハミルトニアンの場合は任意のエルミート演算子を $\widehat{A}$（エルミートはHermiteなのだが、$\widehat{H}$にするとハミルトニアンとの見分けがつかなくなる）とおくと、

$$\widehat{H} = \hbar\widehat{A} \tag{9.33}$$

と表される。

次からシュレーディンガー方程式の左辺に潜む虚数が問題になるのだが、物理の式に虚数が出てきたり、演算子が出てきて交換法則が通じなかったりするのは、量子力学の現象が古典力学では理解できないミステリーなものであったから、こうしたミステリー性が数式上にも顕れているのだとも解釈できるが、とにかく量子力学ではこの先交換法則が使えないという**非可換性**が頻繁に現れる。

そこで、従来の交換法則が使える数を古典的な数（classical number）ということで**c数**、このように交換法則が使えない数を量子的な数（quantum number）ということで**q数**という。

36 シュレーディンガー方程式で記述されること

これまでシュレーディンガー方程式の構造の話をしてきたので、ここから導かれるもの、即ち波動関数について考察しよう。

古典的な波動方程式とシュレーディンガー方程式の一番の違いは、

シュレーディンガー方程式が虚数 i を含んでいることである。読者の方の多くはご存知と思うが、2 乗して -1 になる、仮想上の数である。

虚数が作られたのは、例えば $x^2+x+1=0$ 等の 2 次方程式に解を与えるためだったが、これを数学上無視できなくなったのは、3 次方程式では解が実数であっても解の公式に虚数が出てくることが分かったからだといわれている（2 次方程式の解の公式では、解が虚数であるときだけに虚数が出てくる)。

確かに、数学上の概念としてはその価値を認めても良いような気がするが、自然界の現象を記述するものに直接的に虚数が出てくるというのは何か「気持ち悪さ」を感じるところである。

当時の物理学者もそれに頭を悩ませ、波動関数の解釈を巡って様々な議論が交わされたのだ。

波動関数は、ド・ブロイ波を関数化したものである。ド・ブロイ波は確かに存在する。それは確かだが、シュレーディンガー方程式に従えば、ド・ブロイ波は複素数の大きさを持つことになる。どう考えても、そのような波が存在するとは思えない。

シュレーディンガー本人は自身の方程式が量子の状態（位置や時間発展の様子など）を明確にするものだと信じていたので、余計に理解し難いものであった。

そこで、シュレーディンガーは電子は雲のような広がりで、その密度は $|\psi|^2$ で与えられるのだと考えた。

ψ は複素数だとしても、複素数 $a+bi$ の絶対値は

$$|a+bi|=\sqrt{a^2+b^2} \tag{9.34}$$

で与えられるから、$|\psi|^2$は実数になるのだ。然し、この考え方には問題があった。実験と合わないのである。

実験結果では、電子は常に粒子として観測され、波であることはないから、1電子がある1点にあるときは当然電荷や質量はその1点にあり、それが雲のようにバラバラになっていることはあり得なかった。

そしてドイツの**マックス・ボルン**は、次のような思考実験を考えた。ある箱の中に1個の電子を閉じ込め、その箱を2等分する（但し、2等分した後すぐに板で塞ぐなどして密閉は保たれているものとする)。そのとき、電子はどうなっているか、という問題である。

これの解答の候補は二通りありそうだ。一つは電子は箱と一緒に2等分されたので、半分ずつ電子がある、というもので、もう一つはどちらかの箱に1つの電子が入っている、というものである。

最初の考えは直ちに否定される。何故なら電子は素粒子であるからだ。よって答えは明らかで、どちらかの箱に1つの電子が入っている、というものである。

ここでまた一つ疑問が出てくる。電子が半分にならないなら半分になった物は何なのか、という問いだ。

ここでボルンは考えられ得る最も妥当な結論を出した。確率が半分になったと考える解釈である。箱を割る前、電子の発見確率は1だが、箱を半分にしたことによって、発見確率が$\frac{1}{2}$になったというのだ。

これを波動関数の解釈に当て、ボルンはド・ブロイ波を**確率の波**という風に表現した。そして、実験結果と比較しても、どうやらこれを認めるしかなさそうだった。

これは、次のように一般化されている。波動関数 ψ で表される状態で電子の位置を知ろうとすると、それは確率でしか表せず、その確率は $|\psi|^2 dx$ に比例する。ψ に適当な係数を掛けて、全空間 dx にわたって積分することで、

$$P(dx) = \int_{-\infty}^{\infty} |\psi|^2 dx = 1 \tag{9.35}$$

として右辺が１となるように規格化できるときは、$|\psi|^2$ が電子が空間の点 x で観測される絶対確率を与える（前節の最後の方で似たような計算をしたが、わざわざ１に規格化したのは、実のところこの式に合わせるためだったのだ。また、あのときに出てきた、$\sqrt{2}$ や $\sqrt{3}$ や $\sqrt{6}$ がここでいう適当な係数に当たるものである）。ここで、(9.35) を**ボルンの規格化条件**という（P は確率）。

もしこれを３次元空間 $d\boldsymbol{r}$ に拡張したければ、(9.35) は

$$\begin{aligned} P(d\boldsymbol{r}) &= \int_{-\infty}^{\infty}\int_{-\infty}^{\infty}\int_{-\infty}^{\infty} |\psi|^2 dxdydz \\ &= \int_{-\infty}^{\infty}\int_{-\infty}^{\infty}\int_{-\infty}^{\infty} |\psi|^2 d\boldsymbol{r} = 1 \end{aligned} \tag{9.36}$$

という形になる。

ただ、前述のように、この式が使えるのは、右辺に確率１が現れ

るとき、つまり$|\psi|^2$の積分が収束するときである。$|\psi|^2$の積分が収束するときは、適当な係数を選んで必ずψを規格化できるが、勿論$|\psi|^2$の積分は発散するときもある。発散したときは当然規格化できず、dx内の異なる2点での$|\psi|^2$の値の比がその2点での相対確率を与える。この解釈をまとめて**ボルンの確率解釈**という。尚、$|\psi|^2$はψとψの共役な複素数ψ^*との積である。

問10　$\psi^*\psi=|\psi|^2$が成り立つことを示しなさい。

解　a、bを実数として、

$$\psi=a+bi$$

とおくと、

$$\psi^*=a-bi$$

だから、

$$\begin{aligned}\psi^*\psi&=(a-bi)(a+bi)\\&=a^2-(bi)^2=a^2-(-b^2)\\&=a^2+b^2=|\psi|^2\end{aligned}\tag{9.37}$$

故に、$\boxed{\psi^*\psi=|\psi|^2}$ ……（答）

よって（9.35）は

$$P(dx)=\int_{-\infty}^{\infty}\psi^*\psi dx=1\tag{9.38}$$

とも書ける。

ボルンの確率解釈（1 次元）

ボルンの規格化条件、

$$P(dx)=\int_{-\infty}^{\infty}|\psi|^2dx=\int_{-\infty}^{\infty}\psi^*\psi dx=1$$ において、

右辺に確率１が現れる、つまり$|\psi|^2$の積分が収束して規格化できるとき、電子が全空間dxの中のどこで発見されやすいかという確率は$|\psi|^2dx$に比例し、$|\psi|^2$によって或る点で観測される絶対確率が与えられる。

それから（9.35）や（9.38）では積分範囲をマイナス無限大から無限大までとしたが、これは範囲を慎重に書いているだけで（つまり、抜けのある範囲がないということだ）、粒子が点Ｐから点Ｑまでのどこかであると分かっているなら、$\int_{\mathrm{P}}^{\mathrm{Q}}$と書いて勿論良いわけで、そこは問題によって色々である。

然し、(9.35)や(9.38)のように一般化をするとなったら、粒子は少なくとも$-\infty\leqq x\leqq\infty$の範囲に確実にあるから$\int_{-\infty}^{\infty}$と書いているだけで、至極当然なことである。難しく考えることはない（積分範囲を書かずにただ$\int|\psi|^2dx$と書く本も多い。これは積分範囲を指定していないのではなく、$\int_{-\infty}^{\infty}$であることは暗黙の了解であるとしているのだ）。

さて、この解釈に従えば、電子の問題も解決する。シュレーディンガーは、電子が雲のように広がっているのだと言ったが、ここで広がっているのが「発見の確率」で、モデル図にしたときの濃淡が**確率密度**を示すのだとしたら、矛盾は起きない。つまり、モデル図の色が濃い部分は確率が高く、薄い部分は確率が低いのである。

このモデルは以前第２章Ⅵで示した正確な原子モデルのことで、その理論的裏付けはここから来ているのだ。

ところで、第２章Ⅳの終わりに出した問題を憶えているだろうか。「何故二重性があるのか」という問いである。途中「正しい原子モデル」の節の最後で若干ヒントを与えてしまったが、実は「確率解釈」が答えである。

先のボルンの思考実験でみたように、ド・ブロイ波を確率の波と考えれば、電子の粒子性を前提としつつ波動性も説明できるのである。つまり、正しい原子モデルでは、電子の発見の確率が波となっているときと、観測によって位置が確定して粒子となる状態の両方を説明できるので、二重性の所以は確率の波にある、というのが解答である。

さて、これに納得できないのが（やはりというべきか）シュレーディンガーである。彼は終生確率解釈に反対し続け、一切妥協の姿勢を示さなかった。これについては、本節の最後の項目で詳述するつもりだ。

37　シュレーディンガー方程式で記述できないこと

先ほどはシュレーディンガー方程式で記述されるものは何であるか、という話をしたので、ここではシュレーディンガー方程式で記述できないことを議論することにしよう。一旦波動力学を離れて行列力学で出てきた固有値問題を考えると、それは本節でも (9.24) のときに少し触れたように、

$$\boldsymbol{Ax}=\lambda\boldsymbol{x}$$

というもので、行列力学においては

$$A\psi=\lambda\psi$$

となるのだった。これを波動力学の立場も踏まえながら考察していこうという話である。

この式で重要なのは、両辺に ψ が含まれていることである。これが、$Ax=\lambda\psi$ のようになってしまったら固有値問題ではない。ここで、ψ は A に対する**固有状態**または**固有関数**であるという。

この A というのは、行列力学では単に物理量を示すが、波動力学からすれば物理量というのは演算子である。従って、これは次のように書き直すことができる。

$$\widehat{A}\psi=\lambda\psi \tag{9.39}$$

以上のことを念頭において、今度は行列力学で波動関数を展開するとき使った完全規格直交系の展開式、

$$\psi(x)=c_1\phi_1(x)+c_2\phi_2(x)+\cdots\cdots=\sum_n c_n\phi_n(x)$$

を考える。これの座標 x は今は関係ないので除くと、

$$\psi = c_1\phi_1 + c_2\phi_2 + \cdots\cdots = \sum_n c_n\phi_n \qquad (9.40)$$

という風になり、式中の$c_n\phi_n$が（9.39）でいう所の$\widehat{A}$に対する固有状態に当たる。

但し、波動関数は有限であるから、本当に無限大まで足し合わさっているわけではない。$c_n\phi_n$は一般化によるものであるし、(9.40）はあくまで数式上の話である。

ここで、$\widehat{A}$は物理量であるから色々な値をとり、それに応じた固有値λや固有状態ϕ_nをとることになるが、$\widehat{A}$は実験により固有値λを当然確定できるから、ボルンの確率解釈を考慮しても、$\widehat{A}$の固有値がλであることは$P(dx)=1$で知ることができるはずである。

ところが、第2章Ⅶ後半で述べたように、量子力学では、実験という行為そのものが、実験結果に影響を与えることがある。

その最たる例が、電子の二重スリット実験である。あの実験では、電子が波の性質を現し干渉縞を残すので、結論として2つのスリットを同時に通ったことになるが、電子がどうやってスリットを通るか監視しようとすると、光源の散乱により粒子の性質を現して1つのスリットしか通らず、干渉縞も勿論現れない。従って、電子を監視しようとする「行為」が、電子の二重性のうちのどちらになるかを決めることになるのである。

ここでも同様に、$\widehat{A}$の固有値がλであると知った瞬間、波動関数は数ある$c_n\phi_n$の中からどれかを選んで「収縮」してしまう。最初、波動関数は（9.39）で分かるように、様々な固有状態$c_n \phi_n$の足し合わせの状態にある（これを**状態の重ね合わせ**という）。

つまり、同時に様々な固有状態を持つことができるのだが、電子の二重スリット実験で示されるように$\widehat{A}$の固有値がλであることを実験で知る「行為」によって、波動関数は$c_n \phi_n$の中からどれか、例えば$c_8 \phi_8$などを勝手に選んで、$c_n \phi_n$の重ね合わせだった状態から、選んだ固有状態だけに移ってしまう。

これは、複数の状態の重ね合わせだったのが、１つの状態に「縮んだ」ように考えられるので、**波動関数の収縮**または**波束の収縮**と呼んでいる。

そこで、収縮が起きた波を、粒子として我々は観測するわけである。即ち、電子の二重スリット実験では、監視した時に固有値λを定めてしまったから、電子の波動関数が収縮したのだ、と考えることができる。

そして、ここが一番重要な点であるが、この収縮は不連続かつ非因果的に起こり、その収縮過程は一気に起こるため、物理的に追跡不能である。言うなれば、重ね合わせの状態にあった電子が突然消え、ある状態にいきなり粒子として現れるから、収縮過程自体が存在しない。

よって、波動関数がどの状態に収縮するかという確率はそれぞれ（9.40）の複素係数の絶対値の２乗、即ち$|c_n|^2$で与えられるだけで、どれかを確定することはできず、収縮がいつどうやって起きるのかをシュレーディンガー方程式で記述することはできず、これについ

ては現在の所、観測をすれば必ず収縮が起きる、としかいえないのである。

更に慎重に検討すると、収縮は観測をすると起こる、というのは確実だが、収縮のためには観測が必要であるというわけではない。

つまり、収縮が起こるには観測が必ず必要なのか分からないのである。こういうわけで、収縮が起こるための必要十分条件が未だ不明のままであるから、波動関数の収縮についてはこれ以上議論することはできない。

また、収縮原因がシュレーディンガー方程式のどこかに隠されている、という説も間違いである。この可能性については、ハンガリーの**ジョン・フォン・ノイマン**が量子力学の数学的要素から波の収縮という現象を導出することは不可能であるということを証明している。

ここまでに示した一連の議論を含む原理の全体を**重ね合わせの原理**と呼び、重ね合わせの原理とボルンの確率解釈から導かれるミステリーをそのままこれが量子力学の基本原理なのだと割り切る考え方を**コペンハーゲン解釈**、これに賛同する物理学者の集団を**コペンハーゲン学派**と呼んでいる。

重ね合わせの原理

波動関数は最初、完全規格直交系の展開式で記述されるような固有状態$c_n\phi_n$の足し合わせの状態にあるが物理量$\widehat{A}$の固有値がλであることを実験・観測によって知ってしまうと、$c_n\phi_n$の中からどれかを選んで瞬間的かつ非因果的に1つの固有状態に収縮してしまう。このときその過程は物理的に追跡できず、また収縮が起こるための必要十分条件も未解明である。

　コペンハーゲン学派の指導者は、ニールス・ボーア（コペンハーゲンという由来）で、彼を筆頭に、マックス・ボルン、ヴェルナー・ハイゼンベルク、ヴォルフガング・パウリらがこの学派に該当する。

　これに対し、彼らに強く反対したのがエルヴィン・シュレーディンガーやアルバート・アインシュタイン、ルイ・ド・ブロイらである。彼らの不満と反抗によるコペンハーゲン解釈への攻撃の様子を、この先見ていくが、重ね合わせの原理とボルンの確率解釈（と後述する不確定性原理）こそ、量子力学を学ぶ上で最も重要ではないかと思われる箇所である。

　ここでの議論を受け入れられるかどうかが、量子力学のミステリー性を認めて先に進めるかどうかなのである。

38 古典力学との対応

　さて、ここから再びシュレーディンガー方程式に戻って更に考察を続ける。ボルンの確率解釈から、電子は確率の波を持ち、正しい原子モデルで示されるような電子雲の姿をしていることがいえるのだが、電子を考えるときにいつも電子雲を考えたり、波動関数を持ち出すのは大変である。

　そこで、どのようなときに量子力学が必要で、どのようなときに古典力学が有用なのかを把握しておくことが必要になる。然しその前に、「期待値」について少し触れなくてはならない。

期待値とは、得られる値とその値が得られる確率の積の総和である。例えばサイコロを1回振るとき、出る目の期待値$\langle x \rangle$は、

$$\langle x \rangle = \frac{1}{6}(1+2+3+4+5+6)$$
$$= \frac{21}{6} = \frac{7}{2} = 3.5$$

であると容易に計算できる。

これは、何回かサイコロを振ったときに出てくる目の平均値を示しており、試行回数を増やせば増やすほどその平均は3.5に近づく、ということをいっている。小数なのでイメージが描きにくいが、すごろく（或いはモノポリー）で2回サイコロを振ったとき進める升の数の見込みが7升であるというだけの話だ。

ここでは、シュレーディンガー方程式の期待値をとると、一体何が起こるか議論する。これからそれを計算するので、数学的な話が多くなるが、できるだけ飛ばさずに式を一つ一つ見て頂きたい。なるべく途中式は抜かさないようにしているので、数学の知識が少しあれば十分理解できるはずである。

初めに、1粒子が全空間dxの中のどこで発見されやすいかという見込み、即ち**位置の期待値**をとっておく。それは、(9.38) より確率密度が$\psi^*\psi$であると分かっているから、これにxを掛けて、全空間にわたってマイナス無限大から無限大まで積分すれば良いから

$$\langle x \rangle = \int_{-\infty}^{\infty} \psi^* x \psi dx \tag{9.41}$$

である。

この分野では、$\psi^*\psi$ に x を掛けたいときは、ψ^* と ψ で x を挟んで $\psi^* x\psi$ とする書き方が伝統となっている。これは後の計算で、$\widehat{H}$ と固有値問題になっていることを示すためといわれるが、最も重要な理由は、ψ^* と ψ で挟んだ所に演算子が現れるので、そうなったら勝手に位置を変えてはならないからである。

だが、現時点では順序をそれほど心配する必要はない。(9.39) の時点では別に、$x\psi^*\psi$ と書いても良いのだ。然し計算を続けると、これでは不合理なことが分かってくる。

さて、$\langle x \rangle$ を t で微分すると、**速度の期待値** $\langle v \rangle$ が出てくることが知られている。ここでは、位置の期待値 $\langle x \rangle$ を出す→（1）t で微分して速度の期待値 $\langle v \rangle$ を出す→（2）m を掛けて運動量の期待値 $\langle p \rangle$ を出す→（3）更に t で微分すると何が導かれるか？　という指針で計算することにしよう（長くなりそうな問題では、何をどうするか、どういう順序で導くかという指針を立てると良い。そうすれば、次に何をすれば良いか分かり、混乱することなく計算を進められる）。

問 11　シュレーディンガー方程式の期待値を、先に示した指針（1)～(3）に従って計算し、その最終形を示しなさい。

解　(1)（9.41）より、

$$\begin{aligned}\langle v\rangle &= \frac{d}{dt}\langle x\rangle \\ &= \frac{d}{dt}\int_{-\infty}^{\infty}\psi^* x\psi\, dx \\ &= \int_{-\infty}^{\infty}\left(\left(\frac{\partial}{\partial t}\psi^*\right)x\psi+\psi^* x\frac{\partial}{\partial t}\psi\right)dx \end{aligned} \tag{9.42}$$

なのだが、シュレーディンガー方程式（9.1）と（9.24）により

$$\frac{\partial}{\partial t}\psi=\frac{1}{i\hbar}\widehat{H}\psi \tag{9.43}$$

であると分かるから、この式と、その共役な複素数、

$$\frac{\partial}{\partial t}\psi^*=-\frac{1}{i\hbar}\widehat{H}\psi^* \tag{9.44}$$

を（9.41）に代入して変形を重ねると、

$$\begin{aligned}\frac{d}{dt}\langle x\rangle &= \int_{-\infty}^{\infty}\left\{\left(-\frac{1}{i\hbar}\widehat{H}\psi^*\right)x\psi+\psi^* x\left(\frac{1}{i\hbar}\widehat{H}\psi\right)\right\}dx \\ &= \frac{1}{i\hbar}\int_{-\infty}^{\infty}\left[-\left\{\left(-\frac{\hbar^2}{2m}\cdot\frac{\partial^2}{\partial x^2}+V\right)\psi^*\right\}x\psi \right. \\ &\qquad \left. +\psi^* x\left\{\left(-\frac{\hbar^2}{2m}\cdot\frac{\partial^2}{\partial x^2}+V\right)\psi\right\}\right]dx \\ &= \frac{1}{i\cancel{\hbar}}\int_{-\infty}^{\infty}\left[\left\{\left(\frac{\hbar^{\cancel{2}}}{2m}\cdot\frac{\partial^2}{\partial x^2}\cancel{-V}\right)\psi^*\right\}x\psi \right. \\ &\qquad \left. +\psi^* x\left\{\left(-\frac{\hbar^{\cancel{2}}}{2m}\cdot\frac{\partial^2}{\partial x^2}\cancel{+V}\right)\psi\right\}\right]dx \\ &= \frac{\hbar}{2mi}\int_{-\infty}^{\infty}\left\{\left(\frac{\partial^2}{\partial x^2}\psi^*\right)x\psi-\psi^* x\left(\frac{\partial^2}{\partial x^2}\psi\right)\right\}dx \end{aligned} \tag{9.45}$$

が得られる。難しく見えてしまうが、じっくり見ると、単に式変形の積み重ねに過ぎないことが分かる。

ここで$\psi^* x\psi$という配列にすることの利点が示される。(9.45)で強調するために括弧や中括弧でくくったところである。これらは$\widehat{H}$とψ、ψ^*がそれぞれ固有値問題であることを示している。

今度は（9.45）の最後の式の第1項、$\frac{\partial^2}{\partial x^2}\psi^* x\psi$を部分積分する。

$$\int_{-\infty}^{\infty}\left(\frac{\partial^2}{\partial x^2}\psi^*\right)x\psi dx$$

$$=\underbrace{\left[\left(\frac{\partial}{\partial x}\psi^*\right)x\psi\right]_{-\infty}^{\infty}}_{=0}-\int_{-\infty}^{\infty}\frac{\partial}{\partial x}\psi^*\cdot\frac{\partial}{\partial x}(x\psi)dx \tag{9.46}$$

ここで、無限遠、つまり無限大またはマイナス無限大の極限$(x\to\pm\infty)$で$\psi=0$だから、(9.46) で部分積分した大括弧部分は消して良く、第2項が残る。そこで、第2項の$\psi^*\frac{\partial}{\partial x}(x\psi)$をもう一度部分積分すると、同様に

$$\int_{-\infty}^{\infty}\frac{\partial^2}{\partial x^2}\psi^* x\psi dx$$

$$=-\int_{-\infty}^{\infty}\frac{\partial}{\partial x}\psi^*\frac{\partial}{\partial x}(x\psi)dx$$

$$=-\underbrace{\left[\psi^*\frac{\partial}{\partial x}(x\psi)\right]_{-\infty}^{\infty}}_{=0}+\int_{-\infty}^{\infty}\psi^*\frac{\partial^2}{\partial x^2}(x\psi)dx$$

$$=\int_{-\infty}^{\infty}\psi^*\frac{\partial^2}{\partial x^2}(x\psi)dx$$

$$=\int_{-\infty}^{\infty}\psi^*\frac{\partial}{\partial x}\left(\psi+x\frac{\partial}{\partial x}\psi\right)dx$$

$$= \int_{-\infty}^{\infty} \psi^* \left(\frac{\partial}{\partial x}\psi + \frac{\partial}{\partial x}\psi + x\frac{\partial^2}{\partial x^2}\psi \right) dx$$

$$= \int_{-\infty}^{\infty} \left(2\psi^* \frac{\partial}{\partial x}\psi + \psi^* x\frac{\partial^2}{\partial x^2}\psi \right) dx \tag{9.47}$$

これを元の式（9.45）に戻すと、

$$\begin{aligned}\langle v \rangle &= \frac{d}{dt}\langle x \rangle \\ &= \frac{\hbar}{2mi}\int_{-\infty}^{\infty} \left(\frac{\partial^2}{\partial x^2}\psi^* x\psi - \psi^* x\frac{\partial^2}{\partial x^2}\psi \right) dx \\ &= \frac{\hbar}{2mi}\int_{-\infty}^{\infty} \left(2\psi^* \frac{\partial}{\partial x}\psi + \psi^* x\frac{\partial^2}{\partial x^2}\psi - \psi^* x\frac{\partial^2}{\partial x^2}\psi \right) dx \\ &= \frac{\hbar}{mi}\int_{-\infty}^{\infty} \left(\psi^* \frac{\partial}{\partial x}\psi \right) dx \end{aligned} \tag{9.48}$$

(2) ここで、これの両辺に m を掛けるとどうなるか考えてみる。

$$\begin{aligned} m\langle v \rangle &= m\frac{d}{dt}\langle x \rangle \\ &= m\left\{ \frac{\hbar}{mi}\int_{-\infty}^{\infty} \left(\psi^* \frac{\partial}{\partial x}\psi \right) dx \right\} \\ &= \frac{\hbar}{i}\int_{-\infty}^{\infty} \left(\psi^* \frac{\partial}{\partial x}\psi \right) dx \end{aligned} \tag{9.49}$$

これの左辺が m と $\langle v \rangle$ の積であることから即座にこれは**運動量の**

期待値$\langle p\rangle$のことだと察しがつく。そして更に、$i=\sqrt{-1}$を利用して（9.49）の係数の分母を有理化すると、

$$\begin{aligned}\langle p\rangle &= \frac{\hbar\sqrt{-1}}{\sqrt{-1}\sqrt{-1}}\int_{-\infty}^{\infty}\left(\psi^*\frac{\partial}{\partial x}\psi\right)dx \\ &= \frac{i\hbar}{-1}\int_{-\infty}^{\infty}\left(\psi^*\frac{\partial}{\partial x}\psi\right)dx \\ &= -i\hbar\int_{-\infty}^{\infty}\left(\psi^*\frac{\partial}{\partial x}\psi\right)dx \\ &= \int_{-\infty}^{\infty}\left\{\psi^*\left(-i\hbar\frac{\partial}{\partial x}\right)\psi\right\}dx \qquad (9.50)\end{aligned}$$

となる。

これはたいへん興味深いことで、$\psi^* x\psi$と書かねばならない重要な理由でもあるが、$\dfrac{\partial}{\partial x}$に左から$-i\hbar$を掛けると、$\psi^*$と$\psi$で挟んだ所に運動量演算子が現れる。期待値にもこうした対応があるというのは実に面白いことである。このように、ψ^*とψの間に演算子が現れたので、ここからはもう中括弧部分を勝手にバラバラにしてはならない。

さて、こうして運動量の期待値$\langle p\rangle$が求まったので、指針によればこれを更にtで微分すると何が導かれるかを求めることになっている。もうすぐ計算も終盤だ。頑張って続けよう。

(3)　$$\frac{d}{dt}\langle p\rangle = m\frac{d^2}{dt^2}\langle x\rangle$$

$$= -i\hbar\frac{d}{dt}\int_{-\infty}^{\infty}\left(\psi^*\frac{\partial}{\partial x}\psi\right)dx$$

$$= -i\hbar\int_{-\infty}^{\infty}\left(\frac{\partial}{\partial t}\psi^*\frac{\partial}{\partial x}\psi + \psi^*\frac{\partial}{\partial x}\cdot\frac{\partial}{\partial t}\psi\right)dx \qquad (9.51)$$

シュレーディンガー方程式を用いて、

$$-i\hbar\int_{-\infty}^{\infty}\left(\frac{\partial}{\partial t}\psi^*\ \frac{\partial}{\partial x}\psi + \psi^*\frac{\partial}{\partial x}\cdot\frac{\partial}{\partial t}\psi\right)dx$$

$$= \cancel{-i\hbar}\int_{-\infty}^{\infty}\left\{-\frac{1}{\cancel{i\hbar}}(\widehat{H}\psi^*)\frac{\partial}{\partial x}\psi + \psi^*\frac{\partial}{\partial x}\cdot\frac{1}{\cancel{i\hbar}}(\widehat{H}\psi)\right\}dx$$

$$= \int_{-\infty}^{\infty}\left\{\left(-\frac{\hbar^2}{2m}\cdot\frac{\partial^2}{\partial x^2}+V\right)\psi^*\frac{\partial}{\partial x}\psi - \psi^*\frac{\partial}{\partial x}\left(-\frac{\hbar^2}{2m}\cdot\frac{\partial^2}{\partial x^2}+V\right)\psi\right\}dx$$

$$= -\frac{\hbar^2}{2m}\int_{-\infty}^{\infty}\left(\frac{\partial^2}{\partial x^2}\psi^*\frac{\partial}{\partial x}\psi - \psi^*\frac{\partial^3}{\partial x^3}\psi\right)dx + \int_{-\infty}^{\infty}\left\{V\psi^*\ \frac{\partial}{\partial x}\psi - \psi^*\frac{\partial}{\partial x}(V\psi)\right\}dx \qquad (9.52)$$

ここで、部分積分を用いる。やり方は前と同じで、第1項を部分積分することを2回繰り返せば、前と同じように、片方とキャンセルし合って消える。

$$\int_{-\infty}^{\infty}\frac{\partial^2}{\partial x^2}\psi^*\frac{\partial}{\partial x}\psi dx$$
$$=\left[\frac{\partial}{\partial x}\psi^*\frac{\partial}{\partial x}\psi\right]_{-\infty}^{\infty}-\int_{-\infty}^{\infty}\frac{\partial}{\partial x}\psi^*\frac{\partial^2}{\partial x^2}\psi dx$$
$$=-\left[\psi^*\frac{\partial^2}{\partial x^2}\psi\right]_{-\infty}^{\infty}+\int_{-\infty}^{\infty}\psi^*\frac{\partial^3}{\partial x^3}\psi dx \tag{9.53}$$

この結果により（9.51）は

$$m\frac{d^2}{dt^2}\langle x\rangle$$
$$=\int_{-\infty}^{\infty}\left\{V\psi^*\frac{\partial}{\partial x}\psi-\psi^*\frac{\partial}{\partial x}(V\psi)\right\}dx \tag{9.54}$$

という形に変形されるから、中括弧部分を更に変形して、

$$V\psi^*\frac{\partial}{\partial x}\psi-\psi^*\frac{\partial}{\partial x}(V\psi)$$
$$=V\psi^*\frac{\partial}{\partial x}\psi-\psi^*\frac{\partial}{\partial x}V\psi-V\psi^*\frac{\partial}{\partial x}\psi$$
$$=-\psi^*\frac{\partial}{\partial x}V\psi \tag{9.55}$$

を得る。よって、

$$m\frac{d^2}{dt^2}\langle x\rangle=-\int_{-\infty}^{\infty}\psi^*\frac{\partial}{\partial x}V\psi dx$$
$$=\int_{-\infty}^{\infty}\psi^*\left(-\frac{\partial}{\partial x}V\right)\psi dx \tag{9.56}$$

となることが分かる。

ここで古典力学によれば、

$$F=-\frac{\partial}{\partial x}V \tag{9.57}$$

であり、このときの V が F のポテンシャルであると定義しているから、(9.56) において

$$m\frac{d^2}{dt^2}\langle x\rangle=\int_{-\infty}^{\infty}\psi^* F\psi dx \tag{9.58}$$

となる。ここで、(9.41) との比較により、(9.58) は**力の期待値** $\langle F\rangle$ を示していることが分かるから、

$$\boxed{m\frac{d^2}{dt^2}\langle x\rangle=\langle F\rangle} \cdots\cdots \text{(答)} \tag{9.59}$$

が示される。これは、ニュートン力学の基礎方程式（運動方程式）

$$m\frac{dv}{dt}=m\frac{d^2}{dt^2}x=F \tag{9.60}$$

に酷似している。

この結果は、量子力学の基礎方程式であるシュレーディンガー方程式の期待値をとると、ニュートン力学の基礎方程式であるニュートンの運動方程式にたいへん良く似た式が出てくることを示しており、それは、位置の測定に多少の誤差を許せば、ミクロな粒子も古典力学に従うものと見なして良いことを主張している。これを、**エーレンフェストの定理**という。

エーレンフェストの定理

シュレーディンガー方程式の期待値をとると、ニュートンの運動方程式に酷似した、

$$m\frac{d^2}{dt^2}\langle x\rangle=\langle F\rangle$$

が得られる。

(9.41)～(9.60) はかなり長かったが、この定理の証明である。

ここでは簡単のために1次元で考えたが、3次元でも似たような手法で3次元へ拡張したものを導出することができる。

但し、いつもこの定理が使えるのではない。最初に述べた通り、どのようなときに量子力学を使わなくてはならず、どのようなときにエーレンフェストの定理が効いてくるかを理解しなければならない。

そのポイントは (9.56)、(9.57) である。波が伝搬するときには、波の山と谷の塊りができて、それが端から端まで伝わるわけだが(縄跳びの大縄を縦に振った場合を考えて頂きたい)、これを波の束ということで**波束**（はそく）と呼んでいる。

波動関数の波束も、普通の波束と同様に扱って良いとすれば、波束の形が問題である。波束の形が仮に崩れなければ、それは近似的に粒子と見なせる。

ここで (9.56) と (9.57) であるが、この式が意味を持つのは、$-\frac{\partial}{\partial x}V$ つまり F が一定か、一定に近いときである。何故なら

$-\dfrac{\partial}{\partial x}V$が一定でなかったら、波束は形をすぐに変化させてしまうからである。

よって、エーレンフェストの定理で古典力学を使って良い必要十分条件は、波束がほとんど形を崩さず、$-\dfrac{\partial}{\partial x}V$を一定と見なして良いときであると分かる。

量子力学では、法則・方程式が実験結果と合わなくてはならないのは当然だが、同時に、極限値や期待値をとったときに古典力学の式が出てこなくてはならない。

この理由はすぐに説明するが、エーレンフェストの定理によって、シュレーディンガー方程式の信憑性がより一層高まったのである（実際、あのプランクの法則（2.6）も極限値をとると、古典的なレイリー＝ジーンズの法則（2.3）と等しくなることが示される）。

何故それほど古典力学との対応が重要視されるのかといえば、古典力学が量子力学の近似理論だからである。

つまり、小さい（ミクロの）世界でのミステリー性があるから、大きい（マクロの）世界に近づいていくにつれミステリー性が緩和され、今現在我々が常識だと思っている古典力学の法則・現象があるということなので、ミステリー性が常識に先行していることになる。

従って、古典力学は量子力学に含まれ、量子力学のミステリー性が緩和された特別な場合だから、量子力学の式から古典力学の式が出てくるのは当然である。だが、古典力学は近似理論だから、いわば「影」のようなものだ。すると量子力学の方が「実体」になる。だから、古典力学の式から量子力学の式は出てこない。何故なら、実体に光を当てれば影を作れるが、影から実体を作ることはできないからだ。つまり我々はこれまで、影の世界を見ていたことになる。実はこれがシュレーディンガー方程式を厳密に導けない理由なのである。

39 時間に依存するか、しないか

再びシュレーディンガー方程式の基本形（9.1）に戻って考えよう。それは、

$$i\hbar \frac{\partial}{\partial t}\psi(x,\ t)=\left\{-\frac{\hbar^2}{2m}\cdot\frac{\partial^2}{\partial x^2}+V(x)\right\}\psi(x,\ t)$$

という形であった。シュレーディンガー方程式の解は波動関数だが、今ここで（9.1）の解が

$$\psi(x,\ t)=\varphi(x)\exp(-i\omega t) \tag{9.61}$$

という風に位置に依存する関数 $\varphi(x)$ と時間に依存する関数 $\exp(-i\omega t)$の積であると仮定する。

無論これ以外の解もあるのだが、今は無視して良い。ここでは、位置 x と時間 t という２変数に依存していた波動関数を、x と t をそれぞれ別の関数に依存させることにより分離したと考える。

この解法及び変換を、**変数分離法**という。

さて、（9.61）の時間に依存する関数を $\exp(-i\omega t)$と書いたが、ここで ω は角振動数、つまり角度×振動数のことだから、$2\pi\nu$ のことである。

よって、エネルギーと角振動数の関係を使えば、(9.61) は

$$\psi(x,\ t)=\varphi(x)\exp\left(-i\frac{E}{\hbar}t\right) \tag{9.62}$$

と書ける。では早速これを、(9.1) へ代入するとどうなるかみてみよう。

問 12　シュレーディンガー方程式の変数分離解 (9.61) をシュレーディンガー方程式に代入すると、どういう式を示すことができるか答えなさい。

解

$$i\hbar\frac{\partial}{\partial t}\left\{\varphi(x)\exp\left(-i\frac{E}{\hbar}t\right)\right\}$$

$$=E\left\{\varphi(x)\exp\left(-i\frac{E}{\hbar}t\right)\right\}$$

$$=\left\{-\frac{\hbar^2}{2m}\cdot\frac{\partial^2}{\partial x^2}+V(x)\right\}\varphi(x)\exp\left(-i\frac{E}{\hbar}t\right) \tag{9.63}$$

ここで、$\varphi(x)$ と $\exp\left(-i\frac{E}{\hbar}t\right)$ は波動関数を分離したものになっている。今のところ $\varphi(x)$ の正体は分からないが、$\exp\left(-i\frac{E}{\hbar}t\right)$ は形がはっきりしている。そこで、$\frac{1}{\exp\left(-i\frac{E}{\hbar}t\right)}$ を両辺に掛けることにより、

$$E\varphi(x)=\left\{-\frac{\hbar^2}{2m}\cdot\frac{\partial^2}{\partial x^2}+V(x)\right\}\varphi(x) \tag{9.64}$$

という形の方程式を得る。この形は、どこにも時間に依存するものが含

まれていないので、位置のみに依存する方程式（時間に依存しない方程式）である。……（答）

従って、これが偏微分方程式である必要はなく、これは独立変数が１個の常微分方程式である。即ち、

$$E\varphi(x)=\left\{-\frac{\hbar^2}{2m}\cdot\frac{d^2}{dx^2}+V(x)\right\}\varphi(x) \tag{9.65}$$

である。

また、計算するときには、E と V が共にエネルギーなので、V を左辺に移行した

$$\{E-V(x)\}\varphi(x)=\left(-\frac{\hbar^2}{2m}\cdot\frac{d^2}{dx^2}\right)\varphi(x) \tag{9.66}$$

という形に書くときもある。

(9.65)、(9.66) は時間に依存する項がないので**時間に依存しないシュレーディンガー方程式**といい、(9.1) は ψ が時間に依存しているので**時間に依存するシュレーディンガー方程式**という（よって、シュレーディンガー方程式はいつも偏微分方程式であるというわけではない）。

時間に依存しないシュレーディンガー方程式

$$E\varphi(x)=\left\{-\frac{\hbar^2}{2m}\cdot\frac{d^2}{dx^2}+V(x)\right\}\varphi(x)$$

$$\{E-V(x)\}\varphi(x)=\left(-\frac{\hbar^2}{2m}\cdot\frac{d^2}{dx^2}\right)\varphi(x)$$

時間に依存するシュレーディンガー方程式

$$i\hbar\frac{\partial}{\partial t}\psi(x,\ t)=\left\{-\frac{\hbar^2}{2m}\cdot\frac{\partial^2}{\partial x^2}+V(x)\right\}\psi(x,\ t)$$

ここで $\varphi(x)$ も同様に**時間に依存しない波動関数**と呼ぶ。よって、(9.64)、(9.65) に従う粒子は時間によらず常に一定のはずである。

こういう粒子はどういう粒子だろうか。第２章Ⅵで触れたが、ボーアモデルでは、原子の軌道を回っている状態にあることを、定常状態といった。これをド・ブロイ波で考えると、ド・ブロイ波は軌道上に在るから、波として考えれば電子は軌道上では静止しているといえる、という話もした。

そしてまさにそれが (9.65)、(9.66) に従う粒子の姿の解釈として最も適切なものである。

つまり、逆に考えれば (9.65)、(9.66) が定常状態を定める方程式である。

然しここで、確率解釈に注意しなくてはならない。

(9.65)、(9.66) でいう定常状態とは、粒子の発見確率が時間によらず常に一定であるときの状態をいう。前期量子論の頃とは解釈が違うのである。

あくまでそこで発見されるかというのは、時間への依存とは無関係に、確率によってのみ示される。

さて、定常状態にある粒子が持つエネルギー、即ちエネルギー準位も同様に、(9.65)、(9.66) で記述できる。

ここで、数ある定常状態の中でエネルギー準位が最小値をとるところの定常状態を特に**基底状態**といい、それ以外のエネルギー準位の高い定常状態を**励起状態**という。

定常状態は複数存在し、その中には波動関数の値が異なっているが、エネルギー準位が等しいという一風変わった定常状態もある。その定常状態は、1つのエネルギー準位に対して別個の定常状態があるといえるので、エネルギー準位が重なっていると考える。

このことを、それらのエネルギー準位または定常状態が**縮退**しているという言い方をする。但し、原子に磁場をかけると、磁気モーメントとの相互作用により、エネルギー準位に分裂（差）が生じる。この分裂を**ゼーマン分裂**という。

このように差が生まれたエネルギー準位は縮退しているとはいえないので、これを**縮退が解ける**といい、縮退が解ける現象を**正常ゼーマン効果**という。

何故「正常」というかといえば勿論「異常」があるからだ。これはスピンというものを定義しなければ説明できないのだが、複数の原子を考えた場合に、磁場が弱い所でより複雑にエネルギー準位が分裂する現象が**異常ゼーマン効果**である。

では最後に、エネルギー準位のスペクトルについて説明して、この節を終わりにしよう。

エネルギー準位のスペクトルは連続的なものと離散的なものがある。連続的な場合は $\int_{-\infty}^{\infty}\psi^*\psi dx$ の積分が発散するときであることが知られており、それは、そのときの定常状態ではその粒子が無限遠にも存在し得ることを示しているから、粒子が宇宙のどこへでも無限大に進むことができるということで、粒子の「無限運動」にあたるものだと解釈できる。

これに対して、離散的な場合は、$\int_{-\infty}^{\infty}\psi^*\psi dx$の積分が有限であるときだということが知られており、これはそのときの定常状態ではその粒子が無限遠に存在する確率は0であることを示しているから（$\psi^*\psi$が無限遠で0になるためである）、粒子が限られた空間までしか進めないということで粒子の「有限運動」にあたるものだと解釈できる。

そしてこの場合は、粒子が有限の空間に「束縛」されていると考え、**束縛状態**にある、という言い方をする。

40 井戸型ポテンシャル

シュレーディンガー方程式の導出、構造、解釈、期待値、時間に依存しない型という順序で進めてきたが、ついにここまで来てしまった。ここでやることは、シュレーディンガー方程式を「解く」ことである。

但し本書は、問題を解くことが目的ではない。これまでの構成を見て頂ければ自明であるはずだが、式が意味することは何か、何故こういうことがいえるのか、現象に対してどういう解釈が考えられるか、といった「考え方」を中心に展開してきた。だからここでもやることは最低限代表的なものの中で興味深い結果が現れる問題を解くだけである。

その一つが、**井戸型ポテンシャル**と呼ばれる問題である。これは次のような井戸型の図に、座標軸を加えて図示される。先ずはこの図を読むことから始めよう。

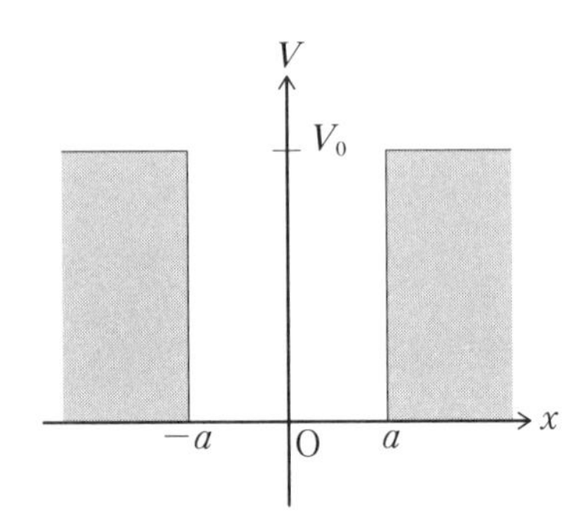

井戸型ポテンシャルのポテンシャルとは V、即ちポテンシャルエネルギーだと考えて良い。つまり、物体が高い位置にあることによりその物体が蓄えるエネルギーである。この図でいうならば、井戸の中の粒子が高い位置にあればあるほどポテンシャルエネルギーが高いということになる。

そして、座標を加える。横は数学と同じで x 軸だから、位置を示している。縦は高さに当たるから、ここでは V 軸で、ポテンシャルエネルギーを示す。

ここで井戸の高さを V_0 とし、数学と同様、x 軸と V 軸の交点をO、即ち原点とする。

また、井戸は V 軸を貫くように書かなければならないから、井戸において、左端 <0、右端 >0 のはずである。従って、それぞれ $-a$、a と書けば、井戸の底の範囲は $-a \leqq x \leqq a$ と表せる。

さて、この井戸の中にマクロの物体が入ったときを考えよう。例えば（今では滅多にないだろうが）小さな子どもが井戸の中に落ちてしまった場合、底から地上に戻るためには（方法は別として）その子どもが持つ力学的エネルギーEが井戸の高さのポテンシャルエネルギーV_0より大きくなければならない。

もし仮にその子どもが$E < V_0$で井戸から脱出したとすれば、その子どもは負の運動エネルギーを持っていたことになり、虚数の速度で運動したことになる。

よって、$E > V_0$とならない限り、その子どもは永久に地上に戻れない。然し実際は大人が子どもを救出することになるので、子どもが持っていた力学的エネルギーに、大人の持っていた力学的エネルギーが足されて、$E > V_0$が成立するので、子どもは無事救出される。

では井戸に落ちたのがミクロの粒子であったらどうなるかと考える。当然$E > V_0$なら簡単に外へ抜け出せるのだが、ここで注目すべきは、ミクロの粒子なら$E < V_0$でも井戸から脱出できるということである。

どうやって脱出したかというと、井戸の両端の壁を通り抜けたのだ。これを、粒子がトンネルを作ってそこを通ったように見えるので、**トンネル効果**と呼んでいる。

まるで幽霊のような振る舞いをするので、さも不思議な現象であるかのようにいわれるが、冷静になってみれば、それほど驚くものではないことが分かる。

つまり、ミクロの粒子が波の性質を利用して通ったのだ、と考えれば理論的に説明がつく。

波には**回折**という性質がある。波なら障害物の背後に回り込んで進めるというものである。音波を考えて欲しい。隣の音楽の音やTV の音などがドアを閉めていても聞こえてきたりすることがあるはずだ。

ただこれと同じことが、ミクロの世界に属するものならどのような粒子であっても使えるので、$E > V_0$のときは勿論、$E < V_0$であっても井戸から脱出できるのだ。

そこで、井戸型ポテンシャルの図に戻るが、トンネル効果によって、粒子が見出される確率を示す範囲は$-a \leqq x \leqq a$だけでなく、左端、右端の壁の向こう側、つまり$x \leqq -a$、$a \leqq x$の範囲にもわたっていることが分かる。

よって、井戸型ポテンシャルの問題を解くときはこの３つの場合にそれぞれ場合分けしなくてはならない。但し、いつもトンネル効果が発生してしまうわけではないので、計算上でのトンネル効果が起こらない理想化されたモデルを、**無限の深さの井戸型ポテンシャル**という。

これは誤解を招く名称であるといつも思うのだが、「深さ」という単語は形容詞「深い」が接尾語「さ」によって名詞になったものであるから、何に対する「深さ」なのかいわなくてはならないが、ここではそれが書かれていないために「井戸の深さ」が無限大ではないのかという誤解が生じる可能性がある。実際はその反対で、

「ポテンシャルの深さ」が無限大なのである。

つまりこれは、井戸の壁が無限大の厚さを持っていることをいっている。よってこれはむしろ「ポテンシャルの深さが無限大の井戸型ポテンシャル」と呼ぶべきである。

だが、とにかくこのモデルなら壁の厚さが無限大だから、粒子がトンネル効果によって外界に出ていくことはできないのである。

音波も、壁が厚ければ向こう側には届かないのと同じ理由だ。これに対して**有限の深さの井戸型ポテンシャル**は厚みが有限、ということなので、トンネル効果を考えなくてはならず、問題としては難しいものになる。

では、無限の深さの井戸型ポテンシャルを解いてみる（余談であるが、英語圏では井戸型ポテンシャルのことを particle in a box（箱の中の粒子）というそうである）。

問 13　無限の深さの井戸型ポテンシャルにおいて、ポテンシャルの形を定めて $\psi(x)$ の値を求めなさい。

解　無限の深さのときは、図のような形になる（但し、$E > V_0$）。

ここでポテンシャルが

$$V(x)=\begin{cases}\infty\ (x<-a,\ a<x)\\ 0\ \ (-a\leqq x\leqq a)\end{cases} \tag{9.67}$$

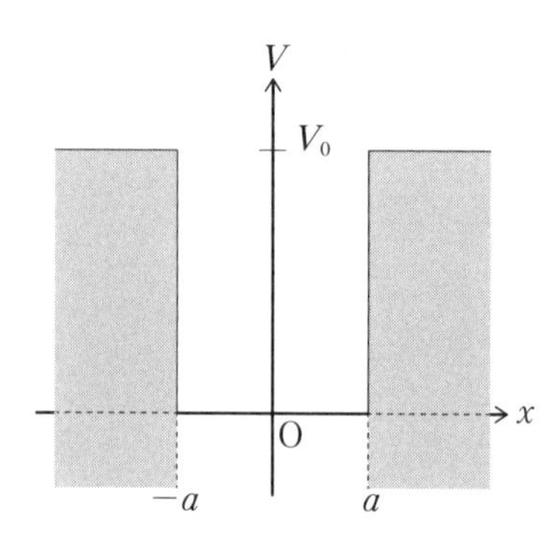

であるのは明らかである。壁$(x<-a,\ a<x)$のポテンシャルは∞で、井戸の底$(-a\leqq x\leqq a)$のポテンシャルは、ここが基準面と考えれば０である。これは、時間によって変化しないので、持ってくるシュレーディンガー方程式は時間に依存しない、

$$E\varphi(x)=\left\{-\frac{\hbar^2}{2m}\cdot\frac{d^2}{dx^2}+V(x)\right\}\varphi(x)$$

である。

ここで、これに（9.66）を代入するのだが、$V(x)=\infty$を代入する必要はない。何故ならトンネル効果ができないのだから、この空間には侵入できないからである。よって、そのときの解は

$$x<-a,\ a<x\text{のとき}\varphi(x)=0 \tag{9.68}$$

となる。

ではその下の$V(x)=0$を代入してみる。すると直ちに

$$E\varphi(x)=-\frac{\hbar^2}{2m}\cdot\frac{d^2}{dx^2}\varphi(x) \tag{9.69}$$

であると分かる。このことから分かるように、無限の深さの……といわれたらすぐに（9.68）と（9.69）が書けなくてはならない。

この問題では V の形が ∞ か 0 かしかないのであって、その内 ∞ は計算するまでもなく $\psi(x)=0$ と分かるから、この問題では（9.69）を解くだけで良いのである（だが（9.68）も答えとなることを忘れてはならない）。ここで、（9.69）は、

$$\frac{d^2}{dx^2}\varphi(x)=-\frac{2mE}{\hbar^2}\varphi(x) \tag{9.70}$$

とも書ける。これは位置 x について 2 階の微分方程式だから、正の実数 k^2 を用いて、

$$k^2=\frac{2mE}{\hbar^2} \tag{9.71}$$

と定めると、E について解いて

$$E=\frac{\hbar^2 k^2}{2m} \tag{9.72}$$

を得る。

このとき k は単位長さ当たりの波の数（$\times 2\pi$）を表しており、**波数**という。（9.70）の特殊解は $\sin kx$、$\cos kx$ で、この 2 つを足して任意の定数 A、B を掛けると（これを**線形結合**するという）、

$$\varphi(x)=A\sin kx+B\cos kx \tag{9.73}$$

になるが、この A や B は後で計算すれば良いから、今はそのままにしておく。

さて、波動方程式には境界条件というものがあって、それに従って方程式を解く。シュレーディンガー方程式も波動方程式であるからやはり境界条件があって、それはこの問題においては壁の「表面」に当たる所である。

つまり軸でいう所の $x=-a$、$x=a$ の部分で、これが境界に当たる。境界では $V=\infty$ のときと $V=0$ のときの解が等しくなくてはならないから、この問題の境界条件は、

$$\varphi(-a)=\varphi(a)=0 \tag{9.74}$$

である。ここで、議論を単純にするために、井戸の底の長さを L とおき、一旦左端から計量することにして、境界条件を

$$\varphi(0)=\varphi(L)=0 \tag{9.75}$$

としてしまえば、(9.73) より

$$\varphi(0)=A\overset{\nearrow 0}{\boxed{\sin 0}}+B\overset{\nearrow 1}{\boxed{\cos 0}}=B=0 \tag{9.76}$$

$$\varphi(L)=\underbrace{A\overset{\nearrow 0}{\boxed{\sin kL}}}_{=0}+\underbrace{B}_{=0}\overset{\nearrow \pm 1}{\boxed{\cos kL}}=0 \tag{9.77}$$

となるので (9.74) より (9.75) で考えた方が分かりやすい（図を変えたわけではない。図より $L=2a$ であるから、ある程度計算が済んだところで $L=2a$ を代入すれば、全て辻褄は合う）。

また (9.76) が満たされるには $\sin kL=0$ でなければならないことも分かるが、これにより $\cos kL=\pm 1$ であることも三角関数の値から分かる。よってこれを満たす kL は 0° または 180°、即ち 0 または π である。

ここで$\cos kL=1$にしてしまうと$kL=0$でψも0になってしまうので$\cos kL=-1$をとる。従って、$kL=\pi$だから、

$$k=\frac{\pi}{L} \tag{9.78}$$

となるが、異なる定常状態を表すために正の整数n(=1, 2, 3, …)をこれに掛けて

$$k=n\frac{\pi}{L} \tag{9.79}$$

を得る。ここでnは数ある定常状態を区別する係数であり前に少し触れたが、**量子数**と呼ばれるものである。例えば（9.78）は$n=1$のときのものだから、基底状態の波数である。また、$B=0$であるから、（9.73）は

$$\varphi(x)=A\sin kx \tag{9.80}$$

となり、この（9.79）と（9.80）が、境界条件（9.75）を満たす解となる。ではここで（9.34）を用いて規格化を試みる。

$$\int_0^L|\varphi(x)|^2dx=1 \tag{9.81}$$

これに（9.79）、（9.80）を入れてやれば、

$$\begin{aligned}\int_0^L\left\{|A|^2\sin^2\left(n\frac{\pi}{L}\right)x\right\}dx&=\int_0^L|A|^2\frac{1-\cos\left\{\left(\frac{2n\pi}{L}\right)x\right\}}{2}dx\\&=|A|^2\int_0^L\frac{1-\cos\left\{\left(\frac{2n\pi}{L}\right)x\right\}}{2}dx\\&=|A|^2\left[\frac{x}{2}-\frac{L}{4n\pi}\sin\frac{2n\pi}{L}x\right]_0^L\\&=|A|^2\frac{L}{2}=1\end{aligned} \tag{9.82}$$

ということになる。最後の２式より、

$$A=\sqrt{\frac{2}{L}} \tag{9.83}$$

であると分かるから、$L=2a$ を代入して

$$\begin{aligned}\varphi(x)&=A\sin kx\\&=\sqrt{\frac{2}{L}}\sin\left(n\frac{\pi}{L}x\right)=\frac{1}{\sqrt{a}}\sin\left(n\frac{\pi}{2a}x\right)\end{aligned} \tag{9.84}$$

である。よって、最終的にこの問題の答を書くとすれば、(9.68)、(9.84) から

$$\boxed{\begin{cases}x<-a,\ a<x\text{のとき}\varphi(x)=0\\-a\leqq x\leqq a\text{のとき}\varphi(x)=\dfrac{1}{\sqrt{a}}\sin\left(n\dfrac{\pi}{2a}x\right)\end{cases}}\cdots\cdots\text{（答）} \tag{9.85}$$

となる。

　この結果をもとに、(9.79) を (9.72) に代入すれば、$-a\leqq x\leqq a$ において

$$E_n=\frac{\hbar^2}{2m}\cdot n^2\left(\frac{\pi}{L}\right)^2=\frac{\hbar^2}{2m}\cdot n^2\cdot\frac{\pi^2}{4a^2} \tag{9.86}$$

として、エネルギー準位（エネルギー固有値）も計算できる。例えば基底状態なら、$n=1$ だから、

$$E_1=\frac{\hbar^2\pi^2}{2mL^2}=\frac{\hbar^2\pi^2}{8ma^2} \tag{9.87}$$

がエネルギー準位である。

　この計算は、無限の深さ、といういかにも不自然な設定ではあるが、決して無駄ではない。

無限大のポテンシャルを持つが底は有限である井戸に落ちたかのように振る舞う粒子がある。それは原子核の内部での或る核子が別の核子から受ける強い力（核力）の様子で、この力の強さをこのような簡易モデルによって近似的に算出できる。

そのときは、井戸の両端のaが原子核半径に対応し、V_0は核力の強さによって設定される定数に対応する。

さて、有限の方であるが、これは今$-a \leqq x \leqq a$でやったようなことを、$x < -a$、$a < x$のところでもしなくてはならず、計算もいささか抽象的で、得られる結果はトンネル効果を除けばほぼ先ほどと同じなので、ここでは図、ポテンシャル、解から得られるものについて述べて終わりにしよう。

有限の深さの井戸型ポテンシャル（但し$E < V_0$）の形は、図のように、

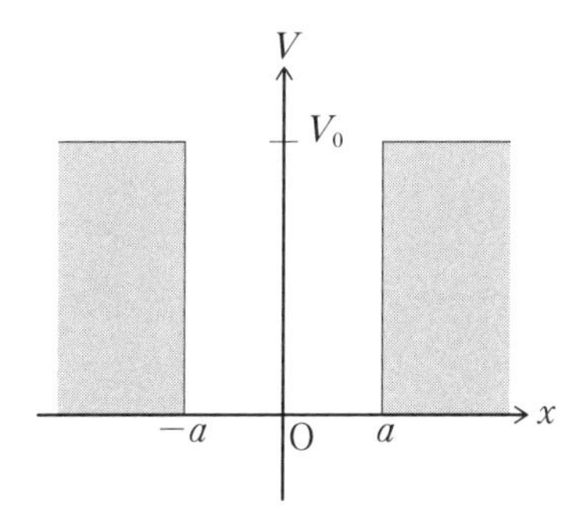

という、全てが実線で表される形になり、トンネル効果を想定して、$x < -a$、$-a \leqq x \leqq a$、$a < x$の場合に分けて計算する。

図から、ポテンシャルの形は

$$V(x)=\begin{cases} V_0\,(x<-a) \\ 0\quad(-a\leqq x\leqq a) \\ V_0\,(a<x) \end{cases} \tag{9.88}$$

であると分かる。これが難しい理由は、任意定数が前は 2 つだったのが 6 つになるためであるが、これを解くことによって、トンネル効果が存在することを数学的に示すことができる。

更に、量子数を 1 から順に変えることで、波動関数に規則性が見られることが分かる。それは、量子数が奇数であるとき、任意の x に対して

$$\varphi(-x)=\varphi(x) \tag{9.89}$$

という**偶関数**の性質を示し、量子数が偶数であるとき、任意の x に対して

$$\varphi(-x)=-\varphi(x) \tag{9.90}$$

という**奇関数**の性質を示す（量子数 1 から順に、偶、奇、偶、奇という形になる）ということである。

この波動関数の性質を**パリティ**といい（グラフで見ると分かり易いが空間を反転させる性質である）、(9.89）を**パリティが偶**または**パリティが正**であるといい、(9.90）を**パリティが奇**または**パリティが負**であるという。これは、グラフにすると視覚的に分かりやすくなる。(9.89）のときは$(\varphi,\ x)$について$(+,\ -)$、$(+,\ +)$だから、

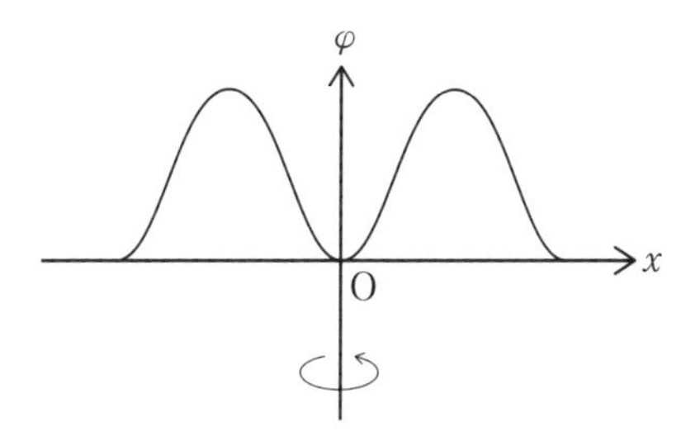

という形になる。グラフの第1象限と第2象限は互いに線対称であり、φ軸を中心にひっくり返してもグラフの形は変わらない。

これに対して、(9.90) のときは(φ, x)について$(+, -)$、$(-, +)$だから、

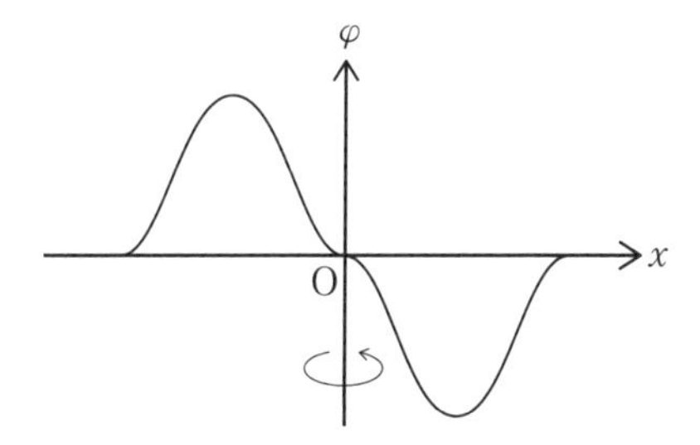

という形になる。グラフの第2象限と第4象限は互いに点対称であり、φ軸を中心にひっくり返すとき、

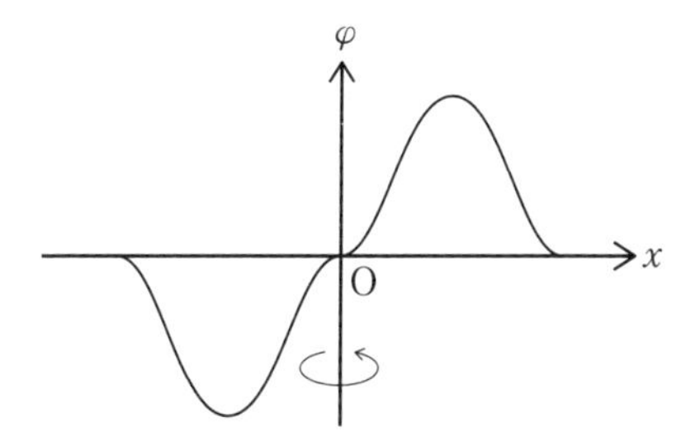

という風に形が変わってしまう。このようにφ軸を中心にひっくり返して空間を反転させることを**パリティ変換**という。

また、これらは全て１次元の話である。実際の問題ではこれが３次元になるのであって、元のシュレーディンガー方程式は時間に依存する偏微分の方程式（9.1）になるから、（9.64）の導出で示したような変数分離法を用いて解くことになる。

ここで分かったように、シュレーディンガー方程式の難易度はVの形によって左右される。Vの形によってはいくらでも難しくなるので、手計算では難しいときもある。

そういうときにはコンピュータを用いて解くことになる。そのやり方については、竹内淳『高校数学でわかるシュレーディンガー方程式』（講談社）などに示されている。

また、有限の深さの井戸型ポテンシャルの計算は、土屋賢一『ベーシック 量子論』（裳華房）、小暮陽三『なっとくする演習・量子力学』（講談社）、岸野正剛『今日から使える量子力学』（講談社）などに具体的な計算例が示されている。実際の厳密な計算はこれらを参考にして頂きたい。

41 行列力学との対応

さてそろそろこの長かった「波動力学」も終盤だ。ここまでの内容がおおよそ理解できていれば、波動力学の基礎としては申し分ないであろう。ここでは行列力学と波動力学がどういう対応関係を見せるかという議論を中心に、行列力学のところでやっておくべきだったいくつかの事柄についても触れていく。

さて、もうここまでくれば何を今更、という話ではあるが、波動力学と行列力学は本質的に等価なものであり、得られる結果は同値である。その対応関係は、行列力学の

$$A\psi = \lambda\psi$$

という固有値問題と、シュレーディンガー方程式から導かれる

$$\widehat{H}\psi = E\psi$$

という固有値問題を見ても明らかである。

ここで順番がいつもと逆なのは、$A\psi = \lambda\psi$ のとき、固有値は λ の方で、A が物理量なので、エネルギー固有値の E と λ を対応させているからである。

この 2 つの理論の等価性については多くの物理学者が証明を与えている。

例えばシュレーディンガーは 1926 年、自身の方程式を見出してから直ちにそれが行列力学と同じであることを見抜いてこれを証明した。

また同年、イギリスの**ポール・ディラック**は更に厳密な証明をシュレーディンガーとは独立に与えた。これを**変換理論**という。

ここで、波動力学の見方と行列力学の見方の一番の違いは時間発展について、時間に依存するのは何かということである。

波動力学では、今まで散々見てきたように、時間に依存するのは

波動関数 ψ だが、行列力学で時間に依存するのは物理量 A なのである。

例えば、行列力学のところに戻って波動関数を確認すれば、全て $\psi(x)$ となっているのが分かる。

これは、行列力学の波動関数は時間に依存しないことにしているからである。そして、$A\psi = \lambda\psi$ の A とは、波動力学では $\widehat{H}$ のことだが、$\widehat{H}$ の中身を見て頂きたい。どこにも時間に依存するものは含まれていない（V は x のみに依存するものとして考える）。これは物理量 $\widehat{H}(A)$ は時間に依存しないことにしているからである。

こうした波動力学の見方を**シュレーディンガー描像**、行列力学の見方を**ハイゼンベルク描像**と呼んでいる。つまり、1 つの事柄を、2 つの別の角度から見ているというだけなのである。

最後に、行列力学の基礎方程式について述べて終わろう。

本当は行列力学のところで説明するつもりであったが、波動力学をやってからの方が理解しやすいだろうと思ったのだ。簡単にそれを導こう。

行列力学で A といえば行列である。従って $\widehat{H}$ も行列になる。行列といえば q 数だから、交換法則は乗法において成立しない。ここで、A は任意の物理量であり、これに対する演算子を $\widehat{A}$ と書くことにしよう（こうした任意の物理量 A や $\widehat{A}$ など、とにかく観測に引っかかる量を**オブザーバブル**という）。

すると、$\widehat{A}\widehat{H} \neq \widehat{H}\widehat{A}$ だから、

$$\widehat{A}\widehat{H}-\widehat{H}\widehat{A}\neq 0 \tag{9.91}$$

である。この右辺は0ではないが、等号を成立させる式が存在するはずだ。ではそれを求めてみよう。

問14 ハイゼンベルク描像において、$\widehat{A}\widehat{H}-\widehat{H}\widehat{A}$の等号を成り立たせる式を求めなさい。

解 エネルギーと角振動数の関係において、電子が光を放出するとき、放出する前にあったエネルギーをE_1、放出した後にあるエネルギーをE_2とすると、

$$E_1-E_2=\hbar\omega \tag{9.92}$$

と書ける（或いは、ボーアの振動数条件の変形といっても良い）。

E_1とE_2に対応する波動関数をそれぞれψ_1、ψ_2と書けば、$\widehat{H}$が力学的エネルギーを示す演算子であることから

$$\left.\begin{aligned}\widehat{H}\psi_1=E_1\psi_1\\ \widehat{H}\psi_2=E_2\psi_2\end{aligned}\right\} \tag{9.93}$$

であり、(9.92) より

$$\begin{aligned}\psi_2{}^*(\widehat{A}\widehat{H}-\widehat{H}\widehat{A})\psi_1&=(E_1-E_2)\psi_2{}^*\widehat{A}\psi_1\\ &=\hbar\omega\psi_2{}^*\widehat{A}\psi_1\end{aligned} \tag{9.94}$$

も導かれる。ハイゼンベルク描像によれば、$\widehat{A}$は時間に依存し、$\psi_2{}^*\widehat{A}\psi_1$は行列$A$の成分と考えられるから、

$$i\frac{d}{dt}\left(\psi_2{}^*\widehat{A}\psi_1\right)=\omega\psi_2{}^*\widehat{A}\psi_1 \tag{9.95}$$

であり、これを変形して

$$\begin{aligned} i\frac{d}{dt}\left(\psi_2{}^*\widehat{A}\psi_1\right)&=\frac{(E_1-E_2)}{\hbar}\psi_2{}^*\widehat{A}\psi_1 \\ &=\psi_2{}^*\frac{\left(\widehat{A}\widehat{H}-\widehat{H}\widehat{A}\right)}{\hbar}\psi_1 \end{aligned} \tag{9.96}$$

両辺に$\hbar$を掛けて整理すると、

$$i\hbar\frac{d}{dt}\left(\psi_2{}^*\widehat{A}\psi_1\right)=\psi_2{}^*\left(\widehat{A}\widehat{H}-\widehat{H}\widehat{A}\right)\psi_1 \tag{9.97}$$

となる。ここで波動関数は時間に依存しないから、

$$\widehat{A}\widehat{H}-\widehat{H}\widehat{A}=\boxed{i\hbar\frac{d}{dt}\widehat{A}}\quad\cdots\cdots\text{（答）} \tag{9.98}$$

が示される。これが、**ハイゼンベルク方程式**であり、行列力学の基礎方程式である。

ハイゼンベルク方程式（行列力学の基礎方程式）

$$\widehat{A}\widehat{H}-\widehat{H}\widehat{A}=i\hbar\frac{d}{dt}\widehat{A}$$

これを見ると分かるが、どこにもψが含まれておらず、任意の物理量$\widehat{A}$を求めて、固有値問題に戻してからψを求めることになるため、これは波動方程式ではなく運動方程式である。

またここで、(9.98) のような形の関係を**交換関係**といい、その左辺を**交換子**という。

交換子はたびたび現れるが、その度$\widehat{A}\widehat{H}-\widehat{H}\widehat{A}$のように書いていると面倒なので、これを

$$[\widehat{A},\ \widehat{H}]\equiv\widehat{A}\widehat{H}-\widehat{H}\widehat{A} \tag{9.99}$$

という記号で書くこともある。

波動力学でも交換関係は重要な役割を演じるが、これについては次の節で述べることにしよう。

今度は (9.97) を見てみると、これはシュレーディンガー方程式に近い形の方程式であり、ハイゼンベルクがあと一歩でシュレーディンガー方程式に辿り着くところであったことが分かる。

現在、量子力学の基礎ではシュレーディンガー描像を用いるのがほとんどだが、量子力学を相対論に応用した場合など応用的な事柄にはハイゼンベルク描像を用いた方が都合が良いことが分かっている。

それでも、ハイゼンベルク描像に的を絞って解説している文献はほとんど存在しないのであって、私の知る限り、H.S. グリーン『ハイゼンベルク形式の量子力学』(講談社) がその唯一のものである (この本は一貫して行列力学の姿勢で量子力学の基礎から応用まで述べており、この意味でたいへん貴重な良書であるといえる)。私の手元にはこれがあるが、現在は絶版であり、入手は困難であるから図書館に行くしかない。然し量子力学を学ぶときには一度は読

んでおくべき文献の一つである。

42 考えれば考えるほどいやらしい

最後に、波動力学の歴史的な話をしておこう。シュレーディンガー方程式が発表されるとすぐに、当時の物理学者は「待ってました」とばかりに飛びついた。

当時は行列が普及していなかった上に、行列力学で問題を解くには、相当な計算力も要求されるため、もっと簡単なものはないものかと嘆いていたのだ。

そんなときに、この方程式が出てきたことで多くの物理学者が「救出」された。特にパウリは、行列力学を用いて水素原子のエネルギーの準位を求めていただけに余計驚いた。シュレーディンガー方程式を使えば、行列力学とは比べものにならない位早く、同じ答を求めることができたからだ。

彼は批判屋で知られていたが、この結果を見て「近年出た論文のなかで、もっとも重要な仕事の一つ」と評し、ハイゼンベルクの師のボルンでさえ「量子の法則を表す、もっとも深い形式」と述べている。

シュレーディンガー本人は、行列力学について「若い学生たちに、これが原子の本当の性質だと言って行列演算を教えなければならないと思うとぞっとする」「私は（行列力学に）反発はともかく、ひどく悩まされるように感じた」などと徹底した批判をしており、ハイゼンベルクも波動力学について「考えれば考えるほどいやらしい」「換言すればガラクタだ」と述べている。

このように波動力学と行列力学をそれぞれ作り上げた天才二人の間で互いに批判し合っていたことがうかがえるが、これは互いに自分の理論こそ正しく量子力学を記述していると信じていたことが原因である。

但し、ハイゼンベルクやボルンはシュレーディンガー方程式が発表されたとき、彼等がこの方程式に辿り着く寸前であったことに気付いて「やられた」と悔しがったそうだ。

行列力学を支持する物理学者は次第にいなくなり、ほぼ全員が波動力学を支持して、これは大人気の理論となった。

そして1933年、シュレーディンガーとディラックはこの業績によりノーベル物理学賞を受賞した。こうした状況が余計に、シュレーディンガーが波動関数の解釈を見誤った際に、行列力学側が反撃であるとばかりにシュレーディンガーを徹底して否定することにつながったと考えられる（実際、これについては行列力学側が正しかった）。

さて、これとは別に、アインシュタインの凄さを物語る話がある。シュレーディンガーが最初に自身の方程式を見出したとき、アインシュタインに意見を聞こうと考えて、方程式を手紙に書いて送ったが、方程式の発見を成し遂げて興奮していたせいか、シュレーディンガーは方程式を書き間違えて送ってしまっていた。するとアインシュタインはそれを見て、「君の発見したのはこれではないのかね」と書き、正しい方程式に改めたものを返事に出したそうである。やはりアインシュタインは、普通の物理学者ではないのだなということを再確認する逸話である。

ここで浮上してきた問題はシュレーディンガー方程式の解釈である。確率解釈は勿論、重ね合わせの原理の全てをシュレーディンガーは否定した。そして特に彼が気に入らなかったのは彼が**量子飛躍**と呼ぶ現象である。

これは、ボーアモデルにおいて、異なる定常状態間に遷移が起こり、そこで光が放出、吸収されることである（「正しい原子モデル」の箇所を参照）。

ここから行列力学側の反撃が始まるのだが、その中でも最も有名で、興味深いのはボーアとシュレーディンガーの論争である。これは、ハイゼンベルクの自伝『**部分と全体**』に書かれているが、それを更に当時の状況を再現した意訳として『大科学論争』（学習研究社）にあるものが面白い。

ここではこれをかいつまんで説明しよう。事の発端は、シュレーディンガーが学会でコペンハーゲン学派の主張している量子飛躍を徹底的に否定したので、この現状をハイゼンベルクがボーアに報告したことによる。ボーアはシュレーディンガーをコペンハーゲンに呼び出し、量子飛躍について徹底的に議論した。

例えば次のようなものである（シュレーディンガーをS、ボーアをBとし、……は中略を示す）。

S：「君が理解すべきことはね、ボーア、量子飛躍（ジャンプ）の全体像はどうやったところでナンセンスに行き着くということだ……そこ（定常状態）ではなぜ放射がないのかについての説明が行なわれていない……この遷移は徐々に起こるのか、それとも突如として起こるのだろうか？……もし遷移がジャンプという形でまったく突然に起こるとしたら……電子はどのようにしてジャンプ中に動くのか……なぜ電子は……連続的なスペクトルを放出しないのか？ だから、量子飛躍という考え方全体がまったくのナンセンスということになる。」

B：「君の言うことはまったく正しい。しかしそれによって量子飛躍が存在しないという証明にはならない。それは、われわれにはそのようなものを想像することはできないことを証明しているだけだ……」

S：「私は概念をどのように形成するかについて君と哲学的議論をしたいとは思わない……私はただ、原子の中で何が起こっているかを知りたいのだ……いつかはそれらが定常状態のとき、およびある状態から別の状態への遷移の過程で、どのように振る舞うかを見いだすことはできるに違いない……」

B：「いや、それは残念ながら正しくはない……君は物質波は存在するが量子飛躍は存在しないという仮定を通して考えている……プランクの放射法則の導出を考えてみたまえ。この法則を導出するためには、当然ながら、原子のエネルギーは離散的な値をとり、ときどき不連続に変化するという前提に立つことになる……君は、量子論全体の基礎を本当に問うことはできない。」

S：「もちろん私は、これらのすべての関連性を完全に理解できたという気はない。しかし君もまた、量子力学の満足できるような物理的解釈を手にしてはいない。私は……最終的にプランク方程式をうまく説明できるようになると期待してはいけない理由がわからない……」

B：「いや、それを期待することはできない。なぜなら、われわれは25年も前からプランク方程式の意味は知っていたからだ。……君はこのジャンプ的な出来事を無視して、あたかもそんなものが存在しないかのように振る舞うことはできない。」

こうした論争が一週間続いたそうである。しまいにはシュレーディンガーは論争に疲れて病気になってしまったが、ボーアはシュレーディンガーのベッドの隣に座って「しかし君はそれでも……のことを理解しなければならない……」と続けたそうである。そして最終的にシュレーディンガーは、次のような過激な発言を行なう。

S：「もしこのいまいましい量子飛躍を放棄できないというなら、残念ながら私はこの仕事には加わりたくない……私はあれ（量子力学）は嫌いであり、あれに関わったことが残念である。」

そしてこの言葉通り、最後の抵抗として例の「猫」の問題を提出して、シュレーディンガーは生物学に転向し、量子力学の研究をすっかりやめてしまった。然しそれでも、今の分子生物学の教科書の初めに載るような業績を残しているから凄いことである。「猫」の問題については後でじっくり考察しよう。

この節は、先ほどのシュレーディンガーの過激な発言に対し、ボーアが返した言葉を引用して終わりたい。

B：「しかしわれわれは、君がこの問題に加わってくれたことをたいへんありがたいと思っている。というのも、数学的に明確化・単純化された君の波動力学は、これまでの量子力学の形式に比べて大きな前進を示しているからだ。」

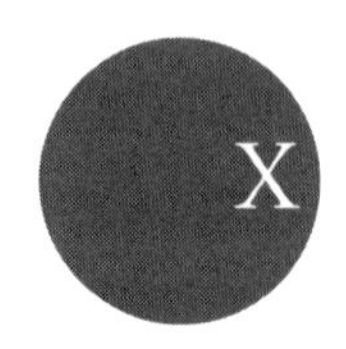

X 不確定性原理

43 ラプラスの悪魔

18世紀のフランスの数学者、**ピエール・シモン・ラプラス**は、宇宙の全ての物質（マクロでもミクロでも）の現在の状態を厳密に知っている魔物がいるとすれば、その魔物は宇宙の過去及び未来の全てを完全に予言できる、という考えを示した（ラプラシアンの由来となった人である）。この魔物を**ラプラスの悪魔**という。

つまり、ラプラスの言う通り、ラプラスの悪魔が実在し得るなら、「未来は決まっている」ことになる。宇宙は完全に**決定論**的に動いているということである。当然、我々はラプラスの悪魔ではないから、宇宙の全ての物質の現在の状態を厳密に知ることはできない。然し、原理的にはそれが可能であり、ラプラスはそれができる魔物を仮定することができると言っているのだ。

ところが、結論からいってしまうと、ラプラスの悪魔は量子力学によって「退治」されてしまった。

説明の天才、アイザック・アシモフが言うように、量子力学は「宇宙が完全に決定論的ではなく、原理的にさえ決定論的ではあり得ないことを発見」してしまったというのである。

それが**不確定性原理**というものだ。

44 不確かさという確かさ

実は、不確定性原理は既に第２章Ⅶで説明済である。例の「電子を二重スリットに通す実験」を思い出して頂きたい。ここで別の思考実験を持ち出すこともできるが、折角二重スリット実験について説明してあるのだから、これを用いて説明してしまおう。

あのときの実験では、電子を監視しようとすれば光子を当てることになるので電子が激しく影響され、波動の性質を現せなくなる。では、この実験の趣旨を少し変えてみよう。

今回の電子の思考実験の目的は電子のある一時刻の瞬間における「位置と運動量」を確定することである。電子の位置を決定するには、光を当てることが必要だ。このことによって、実験者は「電子がどこに存在しているのかという位置」を知ることができるはずだ。

マクロの物質の場合なら、光を当てたとして影響されることは無い。だが、ミクロの物質の場合では、光を当てると激しく影響される。何故ならミクロの物体、特にここで問題にする電子は素粒子であるから、今現在我々の知る限り宇宙で最も小さな物質の一つであるため、サイズが非常に小さいからである。第２章Ⅶのときでもみたように、電子に光を当ててはならないというわけだ。

では、実験者が電子の「位置」を直接的に確認するためにはどうすれば良いだろうか。それには、電子が影響されないようなものを当てれば良い。然し、残念ながら、電子が影響されないようなものは無い。

例えば、光子を当てると、光子は波長が長いために、電子が影響されてしまい、実験者が電子の「位置」を確認することはできない。

では、波長が短ければいいのでは、ということでＸ線やγ線のような、波長の短い放射線を利用することになる。だが、第１章でも出てきた、プランクの$E=h\nu=\dfrac{hc}{\lambda}$を思い出して頂きたい。波長が短ければ短いほど、今度はエネルギーが大きくなるのである。γ線を帯びた光子が電子に作用すると、その大きなエネルギー量故に、電子は吹っ飛びどこかへ行ってしまう。

このときは、電子の「位置」を知ることはできたであろうが、それを「知る」という行為（実験）そのものが、そのある一時刻の瞬間における電子の「運動量」を変えてしまった。更に電子の位置を確認しようとしたときに利用した光子は、波長が明確でないものなので、位置の補正もできない。

よって、この実験の実験者が「運動量」を知る事は無い（勿論、技術力は関係ない）。第２章Ⅶの後半でも少し述べたように、「測定」という行為そのものが、測定の結果に影響してしまうのである。それでもまだ、位置を測定した後に運動量を測れば良いではないか、と仰るかもしれない。然し、そのときの運動量は別の位置での運動量になってしまっているのである。

つまり、ある一時刻の瞬間における位置と運動量を同時に確定させることはできない。早い話、「あちらを立てればこちらが立たず」というわけである。

この何倍も難しい思考実験が徹底的に考えられたが、どのような思考実験を用いても、この原則を破ることはできないことが分かった。今回はアインシュタインとボーアという対立する両学派のそれぞれが思考実験を考えたが、アインシュタインもボーアもこれを遂に破ることはできず、これは量子力学のミステリーな基本原理の一つと認めざるを得なくなった。

そこで、ヴェルナー・ハイゼンベルクは1927年、この不確定性原理を量子力学の基礎法則の一つとして数式化して、

$$\Delta x \Delta p \geqq \frac{\hbar}{2} \tag{10.1}$$

という不等式で表した。これは、或る粒子の位置を測定し、その位置がある不確かさΔxで決まっているとき、そのときの運動量の不確かさΔpとΔxとの積は、ぎりぎりのところで$\frac{\hbar}{2}$と等しいか、それより大きくなる。要は、位置と運動量の精密な測定を同時に行なうことは原理的に不可能である、ということを主張しているのだと考えて良い。

但し実際には、$\frac{\hbar}{2}$位になることはまずあり得ないので、実際は

$$\Delta x \Delta p \gtrsim \hbar \tag{10.2}$$

位であるといわれている（この式の意味をよく伝える読み方としては、「左辺はいくら小さいとしても$\hbar$の程度にはなりうるが、それより小さいことはありえない。まして、0になることは絶対にない」とするのが良いそうである）。

位置と運動量の不確定性原理

$$\Delta x \Delta p \geqq \frac{\hbar}{2}$$

また、この関係はエネルギーと時間の間にも同様の関係が成り立っていることが知られており、同様に

$$\Delta E \Delta t \geqq \frac{\hbar}{2} \tag{10.3}$$

と書かれる。

エネルギーと時間の不確定性原理

$$\Delta E \Delta t \geqq \frac{\hbar}{2}$$

ここで、$\hbar$の定義より、(10.1)、(10.3) はそれぞれ、

$$\Delta x \Delta p \geqq \frac{h}{4\pi} \tag{10.4}$$

$$\Delta E \Delta t \geqq \frac{h}{4\pi} \tag{10.5}$$

と書いても良い。

(10.2) で h が出現しているが、ここでの h はとても重要な役割を果たしている。仮に h が大きな値だとしたら、現実とは逆に、マクロの世界で不確定が生じていることだろう。不確定性原理は確かにマクロまで及んでいるのだが、マクロは実に巨視的な世界なのでそれを実感できないだけである。仮に h が 0 だとしたら、決定

論が正しくなって、ラプラスの悪魔も復活することになる。hが不確かさを生み出す原因なのである。よって、古典力学が決定論的に見えた理由は、hを0と扱ったからに他ならない。

物体の大きさが小さくなればなるほど、不確定性が大きくなっていくわけだが、不確定性原理がどうしてミクロの世界で通じ、マクロの世界で通じないかという、もっと直観的な説明は次のように与えることができる。

我々人間が位置を例えば10^{-10} m変えたとして、位置が「変化した」とは見なされない。然し、原子の場合、原子自身の直径分動くことになり、位置が「変化した」と見なされ、これが積み重なって不確かさが大きくなっていくのである。

それから、前の説明では測定を行なったことで不確定性が生じているというような書き方をしてしまったが、測定をしなければ不確定性は消える、つまり本当は確定されているのだなどと考えてはならない。不確定性原理の式（10.1）が主張しているように、これは原理であるから自然の本来の姿をそのまま示しているのであって、我々人間が測定をするかしないかというのは、全く関係がない。

45　交換関係と不確定性の関係

前節の最後で少し触れたが、交換関係というものがある。2つの演算子同士の差のことだ。ここで、実は（10.1）のxとpは演算子であるから、xとpの交換関係を計算して、その結果を少し考察してみよう。

問 15　$(\widehat{x}\widehat{p}-\widehat{p}\widehat{x})\psi$ を計算しなさい。

解　ここで $\widehat{p}$ は、運動量演算子だから $\widehat{p}=-i\hbar\dfrac{\partial}{\partial x}$ である（但し、$\widehat{p}$ が左から掛かっている（第２項）ときは、x は $-i\hbar$ と $\dfrac{\partial}{\partial x}$ の両方に演算することに注意）。

$$
\begin{aligned}
(\widehat{x}\,\widehat{p}-\widehat{p}\,\widehat{x})\psi &= x\left(-i\hbar\frac{\partial}{\partial x}\right)\psi-\left\{\left(-i\hbar\frac{\partial}{\partial x}\right)x\right\}\psi \\
&= -i\hbar\, x\frac{\partial}{\partial x}\psi-\left(-i\hbar\frac{\partial x}{\partial x}-i\hbar x\frac{\partial}{\partial x}\right)\psi \\
&= -i\hbar\, x\frac{\partial}{\partial x}\psi+i\hbar\,\psi+i\hbar\, x\frac{\partial}{\partial x}\psi \\
&= \boxed{i\hbar\,\psi} \qquad \cdots\cdots \text{（答）} \qquad (10.6)
\end{aligned}
$$

ここで、ψ を両辺から消去すれば、

$$
\widehat{x}\,\widehat{p}-\widehat{p}\,\widehat{x}=i\hbar \qquad (10.7)
$$

という関係が成り立っていることが分かる。

この関係は E と t についても、同様に成り立つ。

交換関係の形の不確定性原理

$$
\widehat{x}\,\widehat{p}-\widehat{p}\,\widehat{x}=i\hbar
$$

このように、$\widehat{x}\widehat{p}-\widehat{p}\widehat{x}$ は０ではないので、これらは同時に値が確定できないということになる。つまり、物理量をシュレーディンガー方程式のときに演算子と扱った時点で、不確定性原理が自然と

シュレーディンガー方程式の内部に内包されていたのである。よって、(10.7) が成り立つならば、不確定性原理も成り立つといえる。導出はしないが、(10.7) から (10.1) を導くことができるので、(10.7) も不確定性原理を表す式の一つということになる。シュレーディンガー方程式との対応関係については、正しい原子モデルである電子雲のモデルからも明らかである。あのときは発見の確率が広がっているのだという、確率解釈から見た考え方であったが、不確定性原理を踏まえてもう一度考えると、あれは「位置が確定できない」モデルであるということができるから、これはまさに不確定性原理の主張していることと一致する。

ここで不確定性原理にまつわる興味深い話をしておこう。ファインマンが書いていることだが、我々が歩いているとき、床をつき抜けて落ちない厳密な理由は、不確定性原理によって与えられる、というのである。これについて少し考えてみよう。

初等的なニュートン力学では、我々の靴が床を押す力と、床が我々の靴を押す力が等しいからだというようなことを述べているが、これには、原子レベルで考えたときに、靴も原子で出来ているはずだから、靴の圧力によって原子が潰れない理由の説明が与えられていない。だが、この問題は不確定性原理を持ち出すことによって説明できる。

つまりはこういうことだ。我々が床の上を歩いているとき、靴の圧力で原子が縮んで、狭い空間に押し込められるから、位置の不確定性 Δx がこれによって小さくなる。ということは、不確定性原理により、代わりに運動量の不確定性Δpが大きくなる。こうして運動量が大きくなるから、原子の圧縮への抵抗力の結果として、反作用が生まれる。というわけで、これが厳密な、床を歩くときに床をつき抜けない理由である。

さて、これまで定常状態等の議論を分かり易くするために「軌道」という言葉を使っていたが、不確定性原理が出てきたので白状しよう。電子雲のモデルを見れば分かるように、量子力学には「軌道」という概念が存在しない。軌道があるなら、位置が確定してしまうからである。このように、いつも不確定性原理を厳密に考えていると気が重くなりそうだが、不確定性原理は重ね合わせの原理と並んで量子力学に存在する基本原理の中でも最も重要な原理として位置付けられる存在であり、これこそが自然の本当の姿なのである。

XI 相補性原理

46 相反するものが補い合う性質

前節までかなり数学的、物理的な話が続いたので少し哲学的な話をしよう。

これまで常に、量子力学は「状態が重なっている」という重ね合わせの原理、「位置と運動量、またはエネルギーと時間は同時には確定できない」という不確定性原理、「量子は全て波動と粒子の二重性を持つ」という二重性の考え等、常識に反するミステリー性があるのだと強く説いてきたが、少し考えてみて頂きたい。

例えば二重性を考えたときに、波と粒子の性質を量子的な粒子は確かに持っているが、その両方の性質を同時に示すことがあるか、ということである。

これまでの実験事実に基づくならば、そんなことはあり得ない。二重性とはいっても、いつも単独でどちらかの性質が現れる。

このことにボーアは注目して、**相補性**という概念を生み出した。その名の通り、「相反する（矛盾する）2つのものが互いに補い合う性質」のことだ。

つまり、矛盾する2つの事物・事象が互いに補い合うからこそ、安定した1つの世界を形成できるという考えである。このことは、しばしば陰と陽を表す太極図に例えられるが、このように量子力学も、重ね合わせの状態と収縮した状態、位置と運動量、エネルギーと時間、そして波動と粒子というそれぞれ互いに相容れない存在が補い合って、ミクロの世界が出来ている、と考えるというわけだ。

この考え方を、相対性原理との対比から、**相補性原理**と呼んでいる。

これはかなり哲学的な話だが、実際、量子力学という分野の中には「物理学的性格」と「哲学的性格」という二重性のようなものが存在している（これも相補性かもしれない）。このような世界観を**一元論**といい、古典力学のように矛盾する２つを分けて考える世界観を**二元論**という。

だが、こうした考えを持ち出さなくてはならないのは、我々がマクロの世界の住人だからである。ミクロの世界の住人なら、波動と粒子の相補性など考える必要はない。マクロの住人である以上、完全に古典的な考え方から脱却することはできない。

そこで、この違和感を少しでも軽くするために、相補性が必要なのだと考えるべきではないだろうか。

XII スピン

47 回転

この世のもので、回転できないものがあるだろうか。フィギュアスケートを見れば分かるように、人間は回転する。他のものも人工的に回せば回転する。例えばコマやメリーゴーラウンドなどである。地球も回っている。月も、太陽も、銀河も、銀河団も回っている。

ここでは、同様に電子も回っている（かもしれない）、という話をする。

では先ず初めに、「回る」とはどういうことか考える。回転には大きさ、というより勢いというものがあって、これを**角運動量**と呼んでいて、早い話が半径×運動量のことである。物理学では角運動量を、何かの周りを回っているのか、それとも、自分自身が回っているのかを区別する。要は、公転と自転で、それぞれ軌道角運動量とスピン角運動量と呼んでいる。地球などは両方の性質を持つ好例としてしばしば挙げられる。

48 スピンの発想

ここで化学の知識を持ち出すことをお許し願いたい。例えば $_{11}$Na の電子配置は $_{10}$Ne の閉殻電子配置の外側に 1 個の 3s 電子が存在しているということで、[Ne]$3s^1$ である（電子には古典的軌道として s、p、d、f がある）。この 3s 電子が、外部からエネルギーを得て、もとの定常状態より高いエネルギーの定常状態である 3p 軌道に移り、再び 3s 軌道に戻る時、波長が微妙に異なる 2 つの光を放出する（これを **$_{11}$Na の D 線分裂**という）が、何故こうなるかは分からなかった。

ここで、**ジョージ・ウーレンベック**と**サムエル・ハウトシュミット**は、これの原因が電子の自転によるものだと説明し、これを**スピン**と呼んだ。

49 スピンは存在するのか

1922 年、**オットー・シュテルン**と**ヴァルター・ゲルラッハ**は銀原子を加熱して蒸発させ、それをビームとして凸型と凹型の不均一な磁石の両極間を通過させる実験を行なった（但し、磁場のローレンツ力により進行方向が曲げられてしまうのを防ぐため、この実験ではイオン化していない電気的に中性なものを用いている）。

この実験を、**シュテルン＝ゲルラッハの実験**という。シュテルン＝ゲルラッハの実験においては、磁場が不均一となるように磁石が置かれる。この解析装置のことを、**シュテルン＝ゲルラッハ装置**という。

ここで、銀原子の電子配置は、

$$(1s)^2 \quad (2s)^2 \quad (2p)^6 \quad (3s)^2 \quad (3p)^6 \quad (3d)^{10} \quad (4s)^2$$
$$(4p)^6 \quad (4d)^{10} \quad (5s)^1 \qquad (12.1)$$

である。右肩にある数字は括弧内の軌道の中に収容される電子数を表し、これはそれぞれ角運動量の総和が0であることを示している。よって、銀原子のビームがシュテルン＝ゲルラッハ装置を通れば、1本のまま向こう側に達するはずである。だが、銀原子のビームは上下2本に分裂した。装置の向こう側にスクリーンを置いてみると、分裂したビームが線となって2本現れた。この線は唇の形に似ていたので、シュテルンとゲルラッハはこれを**リップス**（lips）と名付けた。

この結果は、銀原子内の電子が原子核に対する軌道角運動量以外に別の角運動量が存在していることを示している。何故なら銀原子の電子配置により、角運動量が合計で0というのが分かっていたからである。

最終的に、この未知の角運動量の存在こそ電子の「スピン」であると結論付けられた。では次に、これがどういう性質を持つものなのか少し見てみよう。

50 スピンとはどういうものか

電子とは質点のようなものであって、質量はあるが大きさは定義されない。よって、大きさのないものが自転をしているという考えはおかしいことになる。

だが実際、前述の通り、未知の角運動量の存在が実験で確認されており、これがスピン角運動量であることに疑いの余地はない。

ここで考えを改めなくてはならないが、量子力学ではスピン角運動量は自転のことではない。何故なら、スピンを自転と考えると、位置と運動量を同時に確定してしまうことになり、不確定性原理に矛盾してしまうからである。

量子力学でスピンといったら、ある種の角運動量を持った、位置に依存しない演算子を指す。ただ、スピンの数学的構造が、古典的な自転によく似ているだけなのである。イメージとしては電子が回っていると考えてもよいのだが、厳密に自転を行なっているわけではないということは知っておいて頂きたい。

さて、電子や陽子のスピンは結論からいってしまうと、スピン$\frac{1}{2}$の粒子であるといい、このような半整数のスピンは、2回転しなければ元に戻らない。このいささか奇妙な回転の仕方については後でもう一度述べよう（問16参照）。

これに対して光子のスピンはスピン1の粒子であり、1回転で元に戻る。このときの角運動量は、電子のようなスピン$\frac{1}{2}$のとき$\frac{\hbar}{2}$となり、光子のようなスピン1のとき$\hbar$となる。このように、スピンを測る単位は$\hbar$であり、$\frac{\hbar}{2}$を最小量として、とびとびに増えていく。スピンの単位が何故$\hbar$で測られるかというと、それは角運動量が半径×運動量なので、単位に直すと［$\mathrm{m^2 \cdot kg \cdot s^{-1}}$］となり、$\hbar$の単位である［$\mathrm{J \cdot s}$］＝［$\mathrm{m^2 \cdot kg \cdot s^{-1}}$］と一致するからである。

スピンは回転の方向と角運動量の大きさ（これが長さに当たる）を同時に持つので、文字で表すならばベクトルの$\boldsymbol{s}$である（**スピンベクトル**という）。

また電荷を持つ陽子や電子などがスピンすることで磁石の性質が

出てくることが分かる。

磁石の話が出たのでここでいっておくと、「磁石」なる物はミクロの世界には存在しない。磁石を限りなく小さくして原子のレベルに持っていくと、実は円形に流れる電流（円電流）になってしまうのである。

よって、磁石という性質は電荷を持った量子のスピンによるものであるといえる。例えば陽子は正電荷を持つから、磁力の方向は $\boldsymbol{s}$ と同じで、これを**磁気モーメント** $\boldsymbol{\mu}$ といい、磁場 $\boldsymbol{B}$ とエネルギーとの間に

$$E = \boldsymbol{\mu} \boldsymbol{B} \tag{12.2}$$

が成り立っている。また、電子なら持つのは負電荷なので、

$$E = -\boldsymbol{\mu} \boldsymbol{B} \tag{12.3}$$

になる。

ここで、シュテルン＝ゲルラッハの実験のリップスから分かるように、銀原子のビームは上下 2 本に分裂した。これがスピンによる現象だとすれば、スピンには**上向きスピン**と**下向きスピン**が存在するのだろう、ということが推測できる。

実際その通りで、これを列ベクトルの成分としてそれぞれ 1、0 とすると、

$$\begin{cases} (\text{上向きスピン}) = \begin{pmatrix} 1 \\ 0 \end{pmatrix} \\ (\text{下向きスピン}) = \begin{pmatrix} 0 \\ 1 \end{pmatrix} \end{cases} \tag{12.4}$$

と書ける。そこにスピンの回転というのは、波動関数の完全規格直交系、

$$\psi = c_1\phi_1 + c_2\phi_2 + \cdots = \sum_n c_n\phi_n$$

の複素係数c_nを変化させることに当たり、これのc_1とc_2だけで考えれば、規格化条件から考えて

$$|c_1|^2 + |c_2|^2 = 1 \tag{12.5}$$

とするのが普通である。そして、スピンに対応してc_1、c_2をc_0、c_1と書けば、列ベクトル$\begin{pmatrix} c_0 \\ c_1 \end{pmatrix}$がスピン状態の一般化であることが分かる。

では最後に、少しだけスピンにまつわる計算をやって、終わりにしよう。

スピンの座標軸をxとおくと、$\angle\theta$の回転の様子を計算するには、ある行列$R_x(\theta)$とスピン状態の列ベクトル$\begin{pmatrix} c_0 \\ c_1 \end{pmatrix}$を掛ければよいことが分かっている。ここで、

$$R_x(\theta) = \exp\left(\frac{i\theta\sigma_x}{2}\right) \tag{12.6}$$

で、σ_xは**パウリ行列**と呼ばれており、

$$\sigma_x = \begin{pmatrix} 0 & 1 \\ 1 & 0 \end{pmatrix} \tag{12.7}$$

という、下向きスピンと上向きスピンを組み合わせた形で定義されている。

これは3次元に拡張できて、そのときは新たに y 軸、z 軸が加わるから、

$$\sigma_y \equiv \begin{pmatrix} 0 & -i \\ i & 0 \end{pmatrix} \tag{12.8}$$

$$\sigma_z \equiv \begin{pmatrix} 1 & 0 \\ 0 & -1 \end{pmatrix} \tag{12.9}$$

が加わる（(12.6) に関しては3次元でも形は変わらず、x であった所が y、z に置き換わるだけである)。

また、パウリ行列はどれも2乗すると単位行列 E になることが知られており、

$$\sigma_x{}^2 = \sigma_y{}^2 = \sigma_z{}^2 = E \tag{12.10}$$

となる。

パウリ行列

$$\sigma_x \equiv \begin{pmatrix} 0 & 1 \\ 1 & 0 \end{pmatrix}$$

$$\sigma_y \equiv \begin{pmatrix} 0 & -i \\ i & 0 \end{pmatrix}$$

$$\sigma_z \equiv \begin{pmatrix} 1 & 0 \\ 0 & -1 \end{pmatrix}$$

また、$\sigma_x{}^2 = \sigma_y{}^2 = \sigma_z{}^2 = E$

よってスピン演算子$\widehat{s}$は、スピン$\dfrac{1}{2}$のとき

$$\widehat{s}=\frac{\hbar}{2}\sigma \tag{12.11}$$

スピン１のとき、

$$\widehat{s}=\hbar\sigma \tag{12.12}$$

であり、ここで

$$\sigma=(\sigma_x,\ \sigma_y,\ \sigma_z) \tag{12.13}$$

である。

今は計算ができれば良いので、１次元の$\exp\left(i\dfrac{\theta}{2}\sigma_x\right)$の計算結果だけ書くと、

$$\begin{aligned} R_x(\theta)&=\exp\left(i\frac{\theta}{2}\sigma_x\right)\\ &=\begin{pmatrix}\cos(\theta/2) & i\sin(\theta/2)\\ i\sin(\theta/2) & \cos(\theta/2)\end{pmatrix} \end{aligned} \tag{12.14}$$

となるから、スピンの回転の様子は、

$$\begin{pmatrix}\cos(\theta/2) & i\sin(\theta/2)\\ i\sin(\theta/2) & \cos(\theta/2)\end{pmatrix}\begin{pmatrix}c_0\\ c_1\end{pmatrix} \tag{12.15}$$

で記述される。

では最後に、この（12.15）を用いてスピン$\dfrac{1}{2}$を持つ粒子は２回転しないと元に戻らないことを確認する問題を出しておこう。

問 16　$\theta_1 = 2\pi\,(=360°)$、$\theta_2 = 4\pi\,(=720°)$の場合に分けてそれぞれ(12.15)で計算し、スピン$\dfrac{1}{2}$を持つ粒子は2回転しなければ元の状態に戻らないことを示しなさい。但し、スピンの状態は上向きスピンであるとする。

解　上向きスピンだから、使う式は、

$$\begin{pmatrix} \cos(\theta/2) & i\sin(\theta/2) \\ i\sin(\theta/2) & \cos(\theta/2) \end{pmatrix}\begin{pmatrix} 1 \\ 0 \end{pmatrix}$$

である。

先ず、$\theta_1 = 2\pi$、即ち1回転のとき、

$$\begin{pmatrix} \cos(2\pi/2) & i\sin(2\pi/2) \\ i\sin(2\pi/2) & \cos(2\pi/2) \end{pmatrix}\begin{pmatrix} 1 \\ 0 \end{pmatrix}$$

$$= \begin{pmatrix} \cos\pi & i\sin\pi \\ i\sin\pi & \cos\pi \end{pmatrix}\begin{pmatrix} 1 \\ 0 \end{pmatrix}$$

$$= \begin{pmatrix} -1 & 0 \\ 0 & -1 \end{pmatrix}\begin{pmatrix} 1 \\ 0 \end{pmatrix}$$

$$= \begin{pmatrix} -1\times1+0\times0 \\ 0\times1+(-1)\times0 \end{pmatrix}$$

$$= \begin{pmatrix} -1 \\ 0 \end{pmatrix} = -\begin{pmatrix} 1 \\ 0 \end{pmatrix} \neq \begin{pmatrix} 1 \\ 0 \end{pmatrix} \tag{12.16}$$

となり、元のスピン状態$\begin{pmatrix} 1 \\ 0 \end{pmatrix}$には戻らない。

次に、$\theta_2 = 4\pi$、即ち2回転のとき、

$$
\begin{aligned}
&\begin{pmatrix} \cos(4\pi/2) & i\sin(4\pi/2) \\ i\sin(4\pi/2) & \cos(4\pi/2) \end{pmatrix}\begin{pmatrix} 1 \\ 0 \end{pmatrix} \\
&= \begin{pmatrix} \cos 2\pi & i\sin 2\pi \\ i\sin 2\pi & \cos 2\pi \end{pmatrix}\begin{pmatrix} 1 \\ 0 \end{pmatrix} \\
&= \begin{pmatrix} 1 & 0 \\ 0 & 1 \end{pmatrix}\begin{pmatrix} 1 \\ 0 \end{pmatrix} = \begin{pmatrix} 1\times 1 + 0\times 0 \\ 0\times 1 + 1\times 0 \end{pmatrix} \\
&= \boxed{\begin{pmatrix} 1 \\ 0 \end{pmatrix}}
\end{aligned}
\qquad (12.17)
$$

となり、元のスピン状態$\begin{pmatrix} 1 \\ 0 \end{pmatrix}$に戻った。

故に、$\dfrac{1}{2}$スピンを持つ粒子は2回転しないと元に戻らないことが示される。　　……（答）

XIII ディラックの記号

51 数学的な美

ポール・エイドリアン・モーリス・ディラックは、自他ともに認める異質な理論物理学者であった。彼は「数学的な美」が何より優先されるべきだと説き、その独特な思考によって、量子力学を中心に多くの偉大な業績を残している。

その中の一つが、**ブラ・ケット記法**というものである。彼は、他の物理学者が量子力学を不思議がっている間に一人で納得して、量子力学の数学的構造の特徴を組み込んだ新しい体系を築いた。例えば次の式を見て頂きたい。

$$P(dx)=\int_{-\infty}^{\infty}\psi^*\psi\,dx=1 \qquad (13.1)$$

これはボルンの規格化条件だが、数学的な美を追求するディラックにとってこれはひどく気持ち悪く見える。そこでこれを、次のように書き換える。

$$P(dx)=\langle\psi|\psi\rangle=1 \qquad (13.2)$$

一瞬のことで何が起こったか戸惑ってしまうかもしれないが、これは、

$$\begin{cases} \psi^* = \langle\psi| \\ \psi = |\psi\rangle \end{cases} \tag{13.3}$$

と定義してこれらを互いに掛けると自動的に積分もできてしまうという凄い操作である。

複素共役の記号が消えているが、もとの波動関数 ψ を $|\psi\rangle$ と書いて、それの共役な複素数 ψ^* は $|\psi\rangle$ を対称にした $\langle\psi|$ という風に書くことにしているだけである。

そしてこれを掛けると、縦線が２つになるので１つにして、$\langle\psi|\psi\rangle$ とすれば（13.1）でいう所の $\int_{-\infty}^{\infty}\psi^*\psi dx$ と等しくなるのだ。

これがブラ・ケット記法で、$\langle\ |$ の形を**ブラベクトル**（或いは単に**ブラ**）、$|\ \rangle$ の形を**ケットベクトル**（或いは単に**ケット**）といい、直観的にいえば、$|A\rangle$ で「A の状態」という意味合いを持っている。

この奇妙な名前は、括弧を表す英語、bracket から来ている。$\langle\ |$ が bra、つまり「括」、$|\ \rangle$ が ket、つまり「弧」で、$\langle\ |\ \rangle$ という形にすると「括弧」になるという、ディラック流の「洒落」だそうである。

これまで ψ と ψ^* を掛けるときは $\psi^*\psi$ と書いてきたが、これはブラ‐ケット記法に直したときの整合を考えてのことだったのだ。

（13.2）を見れば分かるように、この記法を採用すればこれまで使ってきた数式はかなり単純化される。これは先ほどベクトルだと書いたが、行列力学のところでも扱ったように、ψ とは列ベクトル、ψ^* とは行ベクトルであり、理論上はそれぞれ無限大の数の複素成分を持っている。

このようにψとψ^*は行列で書くと対称の関係にあるので、(13.2) のように書いても良いというわけだ。

だがベクトルという以上は、対応するベクトル空間があるはずである。そこで、量子力学の計算で使う空間を**ヒルベルト空間**と呼んでいる。これは、軸が無限大に存在する連続的なベクトル空間で、いわゆる無限次元というところにある。

何故このように抽象化するかといえば、量子力学では確率がものをいうから、軸を隙間なく並べて、厳密にしなくてはならないからである。

すると、(13.2) はベクトル同士の掛け算だから、それらに対応する成分を掛けていったものの和と考えればこれは**内積**と考えることができる（特に、ブラ・ケットの内積を確率密度に対応して**確率振幅**ということがある）。

そして、ブラ・ケットの内積は、

$$\langle \alpha | \beta \rangle = \langle \beta | \alpha \rangle^* \tag{13.4}$$

という性質がある。ここで、

$$\langle \alpha | \alpha \rangle \geqq 0 \tag{13.5}$$

である。また、演算子$\widehat{A}$を使うときには、

$$\langle \alpha | \, \widehat{A} \, | \beta \rangle \tag{13.6}$$

という形になり、シュレーディンガー方程式は、

$$i\hbar\frac{\partial}{\partial t}|\psi(t)\rangle=\widehat{H}|\psi(t)\rangle \tag{13.7}$$

という形になる。

これを見て ψ に t が付随しているのは何故かと思うかもしれないが、もともと、シュレーディンガー方程式はシュレーディンガー描像から出てきたものである。

これに対し、今回のような ψ を列ベクトルと考えたりするのはハイゼンベルク描像によるものである。そして、ハイゼンベルク描像では ψ は時間に依存しない。このため、シュレーディンガー描像に直して書くときは ψ の後に t を書かなくてはならないのだ（逆に、x を書く必要がない）。

ここまでの議論から、概ね理解できるはずだが、ブラ・ケットで波動関数の内積を計算することは、ボルンの規格化条件で確率密度を計算することと全く等価である（というより、そうなるように定義されたからだが）。

慣れないうちは何かと苦労するかもしれないが、量子力学の応用を考えるときには断りなしにこれが出てくる。慣れてくれば、ディラックの感覚も分かってくるかもしれない。この節は、一旦ここで終えるが、ディラックは相対論的量子力学で再び活躍する。

これについては後々詳述するので楽しみにしていて欲しい。

第4章

内在的矛盾と解釈問題

～量子力学は正しいか？～

XIV 「物理的実在の量子力学的記述は完全と考えうるのか？」

52 相対論を忘れたアインシュタイン

この節の題は、1935年に書かれた或る有名な論文の題と全く同じである。そこで述べられているのは題名の通り、はたして量子力学の物理的記述は完全であるといえるか、というものだ。この論文を書いたのは、アルバート・アインシュタイン、**ボリス・ポドルスキー、ネイサン・ローゼン**である。彼等はこの論文で「物理的実在における量子力学的記述は不完全である」と結論した。然し、ボーアはこの論文が発表された直後、同名の題で論文を書いて、「物理的実在における量子力学的記述は完全である」と結論した。

さて、どちらが正しいのだろうか？ もう一度、この論文と同名の題を付けて、考えてみたいと思う。

前にも少し触れたが、アインシュタインは量子力学のミステリー性について如何なる妥協の姿勢も見せなかった。アインシュタインは、量子力学が不完全であるということを示そうとして、色々な思考実験を考えては、ボーアに挑戦状の如く叩きつけて、量子力学、特にコペンハーゲン解釈を攻撃していた。そのアインシュタインの心情をよく表した「神はサイコロを振らない（Der Alte würfelt nicht)」（つまり、確率に従って自然は動かない）という言葉は有名である。

例えば、アインシュタインは不確定性原理の誤りを指摘するために、**光子箱**という思考実験を説明している。この思考実験は、次のようなものである。バネばかりにつるされた箱がある。箱の側面にはシャッターのついた穴を開けておき、これはシャッターで自由に開閉できる。箱の中には光源と時計を入れておき、或る一定の時刻になると一瞬シャッターが開き、光源から放出された光子が飛び出す。この時、光子が飛び出すことでエネルギーが持ち去られるのだが、特殊相対論の、

$$E=mc^2 \tag{14.1}$$

により、光子の持ち去ったエネルギー分、箱は軽くなることになる。そして、バネばかりがあることでその箱の質量の減少は、バネばかりによってはかられる。

ここで、アインシュタインはシャッターの開閉は自由に操作できる」ことから「シャッターの開閉時間はいくらでも短くすることができる」と言う。これにより、光子が箱を飛び出した、という一瞬の時刻は正確に測定可能であり、バネばかりと（14.1）を使うことによって光子の持ち去った（光子の保有する）エネルギーも正確に測定可能であるというのである。

これは、エネルギーと時間が正確に測定できることから、エネルギーと時間の不確定性原理に矛盾している。

然し、これに対してボーアは皮肉にも、アインシュタインの**一般**

相対性理論を用いて反論した。アインシュタインが 1915 年に提唱した一般相対論によれば、重力がはたらく空間では、位置によって時間の進む速さが違う。そして、箱の質量の変化をバネばかりによってはかるためには、箱を止めておく必要がある。そうなると不確定性原理より、箱自体の位置が正確に決まらない。位置が不確定であるということは、それにともなって時間の進む速さも不確定である。更にバネの変化も同様に不確定であるから、光子が飛び出たという時刻と、光子のエネルギーは不確定になり、不確定性原理はこの思考実験でも成立している、というわけだ。こうして、ボーアは見事にアインシュタインの攻撃を退けた。アインシュタインは、コペンハーゲン解釈を打倒しようとするあまり、天才と呼ばれる者としてあり得ないミスを犯してしまった。自分で作った一般相対論をすっかり忘れて、重力の影響を考慮しなかったのである。

53 アインシュタインの反撃

然し、更に反撃は続く。**「物理的実在の量子力学的記述は完全と考えうるのか？」**の著者であるアインシュタイン、ポドルスキー、ローゼンによって提唱された矛盾問題である。

この矛盾問題は、次の条件と２つの事柄から成る。

（条件）

ｉ．或る物理理論の中で、実在の要素（例えば位置や運動量）に対応する別の実在の要素が存在するならばその理論は完全である。

ii．系を全く乱すことなく物理量の値を確定できるならば、その物理量に対応した実在の要素がある。

（事柄）

i．不確定性原理より、位置が確定しているときには運動量が不確定であり、逆もまた同様である。

ii．系を全く乱さないで、位置と運動量の両方を確定できる。

この矛盾問題の主張は、こうである。

（主張）

i．先ず、事柄ｉより、量子力学には位置と運動量に同時に対応する実在の要素が存在しない。

ii．そして、例えば次のような場合を考える。

互いに相互作用し合い、また互いに何光年も離れている2つの量子において、例えば2つの量子の運動量の合計の値が10であるように設定してあるとする。ここで一方の量子の運動量を測定し、その値が3であると分かったとしよう。そのとき、もう一方の量子の運動量の値は7だと分かるが、特殊相対論から考えて、何光年も離れているなら、情報が瞬時に届くはずはないから、系の状態は変化しない。こうして2つの運動量を得ることができる。

位置についてもやはり同様の実験を行なうことができるから、

事柄 ii が成立し、系を全く乱さないで、位置と運動量の両方を確定できる。

そうすると、条件 ii と主張 ii から、位置も運動量も実在の要素であるのに、主張 i から、量子力学が不確定性原理に従う限り、位置と運動量の両方に、同時に対応する実在の要素は存在しない。

故に、i より、「物理的実在の量子力学的記述は不完全である」と言うことができる。

この矛盾問題を、**アインシュタイン＝ポドルスキー＝ローゼンのパラドックス**、略して **EPR のパラドックス**といい、彼等の論文を略して **EPR 論文**という。

ここで、アインシュタインはこの後、次のような説を提唱する。

このように、量子力学は不完全なものであるから、量子力学の中には未知の法則が存在し、その法則の中にある変数が、量子力学のミステリー性を解決してくれるだろう（この変数を**隠れた変数**という）。

54 量子力学は勝てるか？

この問題は実によくできていて説得力があるので、一見量子力学が不完全であるかのように見える。だが、量子力学は正しい。今から簡単に EPR のパラドックスの欠陥を指摘しよう。

実は主張 ii に誤りがあるのである。主張 ii では、特殊相対論から考えて、系の状態は何光年も離れているから、瞬時に情報は伝わらない。よって、系の状態を変化させずに位置と運動量の両方を決定できる、ということをいっていたが、ここで系の状態は変化してしまっている。

このように、2 つの量子の間で相互作用の状態にあることを**エンタングルメント（状態）**または**量子もつれの状態**にあるというが、エンタングルメント（状態）にあるとき、どれだけ距離が離れていようが関係なく 2 つの量子の一方に測定が起きると直ちにもう一方の量子が影響されて、位置や運動量を変えてしまう。このことは現在、実験でも確認されている。

この事実から EPR のパラドックスをもう一度考えると、主張 ii は破れており、系を全く乱さないで位置と運動量の両方を確定させることはできないから、条件 ii より、位置と運動量の両方に同時に対応する実在の要素は存在しなかったことになる。よって、主張 i も破れている。

故に、「物理的実在の量子力学的記述は不完全である」ということにはならず、これまでの実験結果や理論予測などを総合的に考える限り今のところ「物理的実在の量子力学的記述は完全である」を言うことができるのである。

因みに、特殊相対論が破れているわけではない。何故なら量子を測定して運動量の値が 3 と分かりもう一方が、合計が 10 であることから 7 と分かったとしても、それは引き算を行なっただけで、そこで通信が行なわれて情報が行き来したわけではないからである。

そして、隠れた変数の存在については、この変数が従う不等式をアイルランドの**ジョン・スチュワート・ベル**が作った（これを**ベルの不等式**という）が、フランスの**アラン・アスペ**が実験を重ねたところ、量子エンタングルメントの状態になると、一方の測定にもう一方が瞬間的に影響されることが分かり、ベルの不等式が破れていることを示した（これを**アスペの実験**という）。

こうして、またしても量子力学は勝利し、物理の一分野としての地位を守りきったのである。

XV シュレーディンガーの猫

55 シュレーディンガーの猫の問題

前節で、アインシュタインらが量子力学に反抗した結果どうなったかについて述べた。然し、まだまだ終わりではない。最後の量子力学への反抗は、アインシュタイン同様、終生量子力学を否定し続け、量子力学者という地位を捨てたエルヴィン・シュレーディンガーが 1935 年に提出した論文、**「量子力学の現状」**で述べている奇抜かつ皮肉的な矛盾問題によって再び続けられるのである。

では、その矛盾問題はどのような問題なのか、ということだが、これは原論文から引用するのが良いだろう。シュレーディンガーの「量子力学の現状」第五章によると、こうである。

「猫（生きている）を一匹鋼鉄の箱の中に、次のような地獄行きの機械と一緒に閉じ込めておくとする（但し、猫がこの装置に直接触れることのないように用心しておかねばならない）。1つのガイガー計数管中に微量の放射性物質を入れておく。この放射性物質は、1 時間のうちにそのなかの 1 個の原子が崩壊するかあるいはしないかという程度に、ごく微量のものとする。もしこの崩壊が起こったとすれば、計数管は鳴り、リレーによって箱中の装置のなかの小さなハンマーが動いて、青酸ガス入りの小瓶が割れる。この全体系を１時間の間、そのまま放置しておいたとする。その間に、もしも１個の原子も崩壊していなければ、猫はまだ生きているということができるわけである。最初の崩壊が起こっていれば、猫は毒殺されてしまっているはずである。全体系の波動関数を使ってこの事情を表現しようとすれば、全体系の波動関数には生きている猫と死んでいる猫とが同じ割合で塗り込められている、ということになる。」

この問題は、ミクロの物質（放射性物質）のみに適用されるはずの量子力学の現象の影響が、なんとミクロの物質のみならず、マクロの物質である猫にまで及んでいるという点で、従来の問題とは全く別物である。

ここでいう「量子力学の現象」とは二重性と波動関数の収縮のことだ。マクロの物質である猫のこの問題における状態は、「生きていて、同時に死んでいる」という状態である。これは、二重性における「粒子であり波動」と対応している。

シュレーディンガーは、波の収縮の理論を現実にあてはめることができるとすれば、「生きていて、同時に死んでいる」などという馬鹿げたことになってしまう、そして実際にそういう例を作ることができる、ということを言っている。

勿論、「生きていて、同時に死んでいる」猫は、現実では絶対にあり得ない。何故なら、「同時に」という言葉を使っている以上は

「瀕死」の状態ではないからである。生と死の境をさまよっている状態でもないにも関わらず、生の状態と死の状態が同時に存在しているということはあり得ないのである。

ここで、シュレーディンガーが問題にしているのは、「箱を開ける前の猫の生死の状態をどのように考えるのか」ということである。

この問題は実に巧妙だ。うまいこと放射性物質という量子力学の問題（ミクロの問題）と、青酸と猫という現実世界の問題（マクロの問題）をつなげている。この問題（またはそこで登場する猫）を、**シュレーディンガーの猫（の問題）**という。

猫の生死は、放射性物質の崩壊の有無と完璧に対応しているから、この問題においては「生きていて、同時に死んでいる」という状態は「崩壊して、同時に崩壊していない」という状態に対応している。

更に、この問題はもう一つの矛盾問題を隠している。量子力学では、観測という行為そのものが、その観測の対象を変化させるということだった。

これをこの問題にあてはめて考えると、「箱を開けた瞬間に「収縮」が起こり猫の生死もまたその瞬間に決定する」ということになる。

この文章でどこがおかしいかというと、「箱の中を実験者が観測する以前から、猫の生死は放射性物質が崩壊するか否かで決定されているはずだが、コペンハーゲン解釈によれば、観測した瞬間に猫の生死が決定されることになってしまう」ということだ。こうしたことから、シュレーディンガーは量子力学はおかしい、と主張しているのである。

この問題が記載された論文が発売された時、コペンハーゲン学派にとっても大打撃であった。というのも、コペンハーゲン学派は、マクロで起こる物理現象とミクロで起こる物理現象は完全に別のものであると区別しており、これが土台となって量子力学の理論が成立しているからである。これに対して、この矛盾問題ではマクロとミクロで同じ現象が起こってしまっている。明らかな矛盾を与えたことで、この問題はたいへんな説得力があったのである。

一読しただけでは、この問題の矛盾は解けないように思える。では、やはり量子力学は根本から間違っているのか？ いや、そうではない。一応、これを解決することができる解釈が存在している。

この矛盾問題を考案したシュレーディンガー自身は論文中で「まったく滑稽な例」と言っているが、その「まったく滑稽な例」を説明できる解釈が存在するのである。

56 シュレーディンガーの猫の解答

さて、ここではついにシュレーディンガーの猫の解答（そうはいっても、解釈問題に答えはないのであくまで解釈に過ぎないが、合理的に説明を与えられるのはこれ位である、という点でここでは「解答」という言葉を使っている）を示そう。先ずはコペンハーゲン学派の主張だが、コペンハーゲン学派曰く、「あの問題の文章がおかしいのだ」ということである。彼らは、「あの問題でシュレーディンガーの言っているのは不確定性ではなく不確実性だ」というのだ。

コペンハーゲン学派は、不確定性と不確実性は注意深く区別することが必要だという。ここで、「不確実」とは、既に確定された値を持ってはいるが、実験者にそれが知られていない量を指している。

それで、コペンハーゲン学派によると、「シュレーディンガーの猫」において、不確定性は確かに存在していたのだが、「1個の原子が崩壊するかあるいはしないかが確定した時に消失している」というのだ。これにより以後、猫の生死は単に不確実なだけであるから、考える必要は無い、ということだ。

このコペンハーゲン学派の結論は、間違っているとはいえないが、人々を納得させるに足る「真の解答」とはいえないであろう。コペンハーゲン学派は、シュレーディンガーの猫を、「一匹の猫は無数の状態が組み合わさったものであり、ミクロの物質による集合体であるから、このような対象に不確定性原理を適用させることはできない」ともいっているが、これも少しばかりあいまいである。それで、結局完全に矛盾の無い解答は出ず、解答したようなしないような状態になってしまったのである。

然し、ハンガリーの**ジョン・フォン・ノイマン**がヒントを示してくれた。彼については前に少し触れたが、シュレーディンガー方程式の数学的要素から、波動関数の収縮という現象は導出できないということを証明した人物で、彼のIQは300を超えていたという説もあるほどだ。

波動関数の収縮という現象は、数式では記述されない。このことからフォン・ノイマンは、本当は波動関数の収縮は起こっていないのではないかと考えた。然し、実験によると、全ての量子的物体は粒子として観測される。これはどういうことなのか。そこでフォン・ノイマンは波動関数の収縮は、人間の意識下によって起こる錯覚に過ぎないという考えを示したが、この考えは否定されてしまっている。だが、フォン・ノイマンの仮説から、ある一つの解釈が誕生した。**多世界解釈**である。

これこそ「シュレーディンガーの猫の問題」の解答となる解釈である。フォン・ノイマンは「波は収縮せず、広がったまま」ということを提唱したが、それは実験結果に矛盾する。そこで、「収縮していない世界」と「収縮した世界」があると考える。これが**多世界解釈**である。

もっというと、我々が何かを行なうたびに、それを行なった世界Aと、それを行なわなかった世界Bに、我々と世界が分裂し、そこからまた分裂が生じていき、それらの世界は無限大にあることになる。これは、もう少し量子力学的にいえば、重ね合わせの原理における完全規格直交系（9.38）の$c_n\phi_n$の足し合わせの数（つまり、nの数）が大きくなるということでもある。これらの世界は**並行世界**といい、SF的には**パラレルワールド**とも呼ばれる。

SFじみた話ではあるが、これをシュレーディンガーの猫の問題に対応させると、どのようになるのか。この問題は、猫の生死を問題にしているから、箱を観測するという「行為」が「猫が生きている世界」と「猫が死んでいる世界」の２つに分裂させることになる。

これをふまえて、シュレーディンガーの猫の問題を再検討してみると、なんと論理的には矛盾は存在していないのだ。

然し、現実的にこの解釈はどうかと思われるかもしれないが、これまでに見てきた量子力学のミステリー性を考えれば、この解釈もさほど非現実的には思われないのではないだろうか。

ここで、「多世界」の実在を考えたのはアメリカのプリンストン大学大学院の一学生で、彼は名を**ヒュー・エバレット**という。

エバレットは1957年（当時大学院の学生だった）時に、「パラレルワールド論」という論文を発表している。

ところで、多世界解釈では枝分かれしてゆくように、世界が次々と分裂してゆくが、分裂した世界同士は、その間で干渉できない。これは、多世界解釈の重要な原理となっている。

もしこの原理が破れているとすればシュレーディンガーの猫が生きている世界が死んでいる世界に何かの影響を与えることになり、新たな矛盾を生んでしまうことになる。

だが、多世界の世界同士で干渉ができないため、これについては、証明も反証もできない。

量子力学により明らかとなったミクロ世界のミステリー性から主張された様々な矛盾問題とそれを巡る解釈の問題を総称して、**解釈問題**と呼んでいる。この解釈問題に対する解答の一例がコペンハーゲン解釈や、多世界解釈である。

第0章でも述べた通り、解釈問題に答えはない。物理学者がいればその数だけ解釈があるといわれる位なのだから、自分なりの解釈を選べば良いであろう。どれも正解である（明らかに間違いであるようなものは除いて）。やはり、ファインマンの言う通り、量子力学は「その考え方がどのようにうまくゆくかを述べるだけ」というわけである。

XVI 異端の量子力学

57 異端者

ここでは異端の物理学者、**デヴィット・ジョゼフ・ボーム**による異端の量子力学の話をする。彼の人生は、他の物理学者ではあり得ないほど波乱に満ちているが、それと同じ位彼の発表する理論は奇抜かつ大胆で、しかも斬新であった。

彼はカリフォルニア工科大学（通称カルテク）で博士号を得ているが、この時博士論文の発表を禁止されていた。何故なら、その論文の内容が原子爆弾の製造に関わる陽子と重陽子の散乱計算の理論であったので、機密文書とされてしまったためである。

このように優秀なボームを師匠の**ロバート・オッペンハイマー**はマンハッタン計画に引き入れたかったが、ボームは共産主義に傾いた政治活動を行なっていたことで、この当時はそのサークルから脱退していたにも関わらず、共産主義者のレッテルを貼られてしまっていた。加えて、彼の友人のジョゼフ・ワインバーグにスパイ活動の容疑がかけられていたので、セキュリティをクリアできず、マンハッタン計画には参加できなかった。

更に 1949 年、上院議員ジョゼフ・レイモンド・マッカーシーによる共産党員の弾圧、いわゆる「赤狩り」(「赤」はソビエト連邦の国旗の色で、当時は共産主義者を示す色だった）が始まり、ボームも反アメリカ活動委員会に呼ばれ、尋問を受けた。彼は友人を売りたくなかったので黙秘権を行使したが、委員会の前で尋問を拒否した罪で逮捕された。

１年後、彼は出所したが、その時には既にプリンストン大学の教授職を解任されていた。プリンストン大学のアインシュタインは彼をアシスタントに誘ったが、大学側がこれを拒否したため、ついに国内で再就職できなかった。そこでボームはブラジルのサンパウロ大学に行き、そこの物理学学部長に就任したが、アメリカはボームの帰国を拒否したのである。要は国外追放となってしまったのだ（当時はそれだけ冷戦の勢いが凄かったのだ）。

ボームは 1951 年、大著『**量子論**』を脱稿した。これは深い哲学的洞察によって書かれた分厚い専門書である。彼はこれを、当時の主流解釈、コペンハーゲン解釈に則って書いたが、次第にこの確率による量子力学の解釈に疑問を持つようになり、独自の解釈を考案する。その解釈を**ボーム解釈**（または、**パイロット波解釈**）、この解釈による量子力学の新しい考え方を**ボーム力学**という。

58 異端のボーム力学

ではこのボーム力学の概略を説明しよう。先ずこれまでのコペンハーゲン解釈を確認すると、全ての量子に波と粒子の二重性がある、という概念が基礎にあったはずだ。

ここでボームは、思い切って二重性の考えを放棄する。一端これまで積み上げてきた土台を基礎からなかったことにしてしまうという、実に驚きの行動である。

そして、波動と粒子とはやはり古典力学同様別物であると考える。

では量子的物体である光子や電子はどうするか、というとこれは粒子とおくのである。更にこの空間には量子の波が満ちているとする。

ボームは、この空間に広がった量子の波に光子や電子などが乗っていて、これらはミクロの物質ということで非常に小さく軽いので、この量子の波に「流される」と考えたのだ。

この波の動きが予測できないから、光子や電子がどこへ行くか分からない、というのである。

例えば二重スリット実験をボーム力学で扱うと、先ず空間には量子の波が満ちているので干渉縞ができる。次にその波に乗った一個の電子がどちらかのスリットを抜ける。コペンハーゲン解釈では波は確率なので、経路AとBがあれば50％と50％のようにどの経路をどのように通るかは予測できない。そもそも経路という概念を放棄するものだ。これは我々の常識では理解し難い。

だがボーム解釈では、波は量子の波で、これに電子が乗っているので、経路AとBがあれば必ずどちらを通ったか確定でき、経路は存在するが、この波が予測できないので、電子の位置を100％予言できないというものだ。

これは我々の常識でも十分理解し易い。ではボームの解釈を認めれば、量子力学を一から組み直さなくてはならないのかというと、そうではない。実際コペンハーゲン解釈でもボーム解釈でも、計算結果や方程式は同じなのである。ただ、その結果や方程式の意味をどう見るかによって考えが異なるだけである。

ボームは当時主流であった「粒子かつ波」を分離して「粒子と波」に仕上げた。実に画期的な新解釈なのだが、この理論は余りにも多くの物理学者から批判を受け、間違いであるとされてきた。このため、ほとんどの教科書には載っていない。だが、ボーム力学は量子力学を学ぶ上で特に間違っていない。それどころか、古典力学的に量子力学を学べるという点で、コペンハーゲン解釈よりずっと平易な理論なのである。

ボームの方はというと、ブラジルの後はイスラエル、イギリスと転々として、クリシュナムルティなる哲学者の思想に傾倒し、インド哲学や神経心理学を研究していたが、1992 年 10 月 27 日、心筋梗塞で亡くなった。75 年の生涯であったが、1951 年以降アメリカに帰国することは叶わず、物理学者からもボーム力学は認められなかった。

第5章

量子力学の先へ

～範囲拡大～

XVII 相対論的量子力学

59 量子力学に相対論を

これまで扱ってきたシュレーディンガー方程式やハイゼンベルク方程式は、相対論を組み込んでいない、いわゆる非相対論的な方程式である。

シュレーディンガーによれば、彼は当初相対論を使ってあの方程式を導出しようとしていたのだが、そうすると量子力学的な波動方程式にはならず、ド・ブロイ波が従う方程式として不適切であったため、相対論と量子力学の両方の要求を満たす方程式を作れなかった。

ところが、量子力学では光速で運動する光子や光速に近い速度で運動する電子が出てくることがあるので、これらの運動も何らかの方程式で記述されなくてはならない。然し、光速が関わればそれは特殊相対論の問題になる。このように、ミクロの世界であっても相対論を必要とする状況が発生するので、こういうときは、今までのシュレーディンガー方程式とは全く別の形の方程式が必要になる。

それでは、3次元の形のシュレーディンガー方程式を書いてみよう。

$$i\hbar\frac{\partial}{\partial t}\psi=-\frac{\hbar^2}{2m}\cdot\left(\frac{\partial^2}{\partial x^2}+\frac{\partial^2}{\partial y^2}+\frac{\partial^2}{\partial z^2}\right)\psi+V\psi$$
$$=-\frac{\hbar^2}{2m}\cdot\nabla^2\psi+V\psi$$

ここで問題なのは、左辺で時間 t について 1 階の偏微分方程式であるのに、右辺で空間 x、y、z について 2 階の偏微分方程式になってしまっていることである。

相対論では、「時空間」という言葉が示すように、時間と空間は同じ取り扱いをされなくてはならないのだ。

そこで、量子力学から相対論に行くのは無理だから、逆に相対論から量子力学に行けば良いと考える。

特殊相対論での

$$E=mc^2$$

は物体が静止している場合の特別な形である。

これを、物体が動いている場合も考えられるようにするには、運動量の項を加えて、

$$E^2=m^2c^4+c^2p^2 \tag{17.1}$$

とすれば良い（これが $E=mc^2$ の一般化である)。

ではこれに量子化の手続きをしてやれば、これは古典力学の式なので、量子力学の式に移行できるはずである。つまり、(17.1) において、

$$\begin{cases} \boldsymbol{p} \longrightarrow -i\hbar\nabla \\ E \longrightarrow i\hbar\dfrac{\partial}{\partial t} \end{cases} \tag{17.2}$$

とするのである。それでは、実際に計算してみよう。

問 17　(17.2) を (17.1) に代入して、両辺で時間と空間の取り扱いが同じになるような方程式を導出しなさい。

解

$$i^2\hbar^2\frac{\partial^2}{\partial t^2} = m^2c^4 + c^2(-i\hbar\nabla)^2 \tag{17.3}$$

$$\begin{aligned} -\hbar^2\frac{\partial^2}{\partial t^2} &= m^2c^4 + c^2(-\hbar^2\nabla^2) \\ &= m^2c^4 - c^2\hbar^2\nabla^2 \end{aligned} \tag{17.4}$$

ここで両辺に$-\dfrac{1}{c^2\hbar^2}$を掛けると、

$$\frac{1}{c^2}\cdot\frac{\partial^2}{\partial t^2} = -\frac{m^2c^2}{\hbar^2} + \nabla^2 \tag{17.5}$$

両辺にψを作用させれば、

$$\boxed{\frac{1}{c^2}\cdot\frac{\partial^2}{\partial t^2}\psi = -\frac{m^2c^2}{\hbar^2}\psi + \nabla^2\psi} \quad \cdots\cdots(\text{答}) \tag{17.6}$$

が得られる。これは見事に、両辺で時間・空間のいずれについても2階の偏微分方程式となっており、相対論的な波動方程式となっている。

これを、**クライン＝ゴルドン方程式**といい、1926年にスウェーデンの**オスカル・クライン**とドイツの**ヴァルター・ゴルドン**によって、特殊相対論を考慮してシュレーディンガー方程式を修正した結果であるとして提出された方程式である。

クライン＝ゴルドン方程式（1）

$$\frac{1}{c^2}\cdot\frac{\partial^2}{\partial t^2}\psi=-\frac{m^2c^2}{\hbar^2}\psi+\nabla^2\psi$$

この方程式は時間と空間の取り扱いが同じで、時間と空間を別物ではなく、「時空間」という同じものとして見ているので、扱う次元は4次元である。

そこで、これに関連して次の微分演算子を紹介しよう。

$$\Box\equiv\frac{\partial^2}{c^2\partial t^2}-\nabla^2 \tag{17.7}$$

これは、**ダランベルシアン**と呼ばれており、4次元空間の微分演算子である。この記号が四角形なのは、3次元空間の微分演算子であるラプラシアンが∇^2やΔなどの三角形で表されているから、4次元なら四角形にしようという流れから来ている。

ダランベルシアン

$$\Box\equiv\frac{\partial^2}{c^2\partial t^2}-\nabla^2$$

クライン＝ゴルドン方程式は、

$$\frac{\partial^2}{c^2\,\partial t^2}\psi+\left(\frac{m^2c^2}{\hbar^2}-\nabla^2\right)\psi=0 \tag{17.8}$$

つまり、

$$\left(\frac{\partial^2}{c^2\,\partial t^2}-\nabla^2+\frac{m^2c^2}{\hbar^2}\right)\psi=0 \tag{17.9}$$

という形に変形できるから、□を用いると、

$$\left(\Box+\frac{m^2c^2}{\hbar^2}\right)\psi=0 \tag{17.10}$$

という風に簡略に書ける。

クライン＝ゴルドン方程式（2）

$$\left(\frac{\partial^2}{c^2\,\partial t^2}-\nabla^2+\frac{m^2c^2}{\hbar^2}\right)\psi=0$$

$$\left(\Box+\frac{m^2c^2}{\hbar^2}\right)\psi=0$$

ところがこれには重大な欠陥がある。この方程式は、相対論的波動方程式であることは間違いないのだが、実は量子力学的波動方程式ではない。というのも、クライン＝ゴルドン方程式の導出では、元のシュレーディンガー方程式で空間が２階微分だからといって、時間も２階微分にしてしまったのがまずかった。ボルンの確率解釈が成立しなくなる。ボルンの確率解釈によれば、$\int_{-\infty}^{\infty}|\psi|^2\,dx$ の積分が収束するときなら、必ず適当な係数によって ψ を規格化できるが、これが成り立つには時間について１階の微分方程式でなくてはなら

ないのである（実はシュレーディンガーが求めて、不適切だからと発表しなかった式がこれだったのだ）。

60 冴え渡る方程式

こうした困難が浮上したのは、やはり代入した式に問題があったからだと考えられる。つまり（17.1）である。ここでエネルギーが2乗、即ち2次形式になっているが、これが1次形式であれば、量子化の手続きで$E \longrightarrow i\hbar\frac{\partial}{\partial t}$なのだから、必然的に時間について1階の微分になるはずである。

E^2をEにするのだから、単純に考えてルートをとれば良いであろう。すると、

$$E = \pm\sqrt{m^2c^4 + c^2\boldsymbol{p}^2} \tag{17.11}$$

となる。ここで$E>0$と仮定して、先ほどと同じように（17.2）を代入してψを作用させる。すると、

$$i\hbar\frac{\partial}{\partial t}\psi = \sqrt{m^2c^4 - c^2\hbar^2\nabla^2}\,\psi \tag{17.12}$$

が得られる。但しここで重大な問題がある。ルートの中に微分演算子であるラプラシアンが入ってしまっている。微分演算子の平方根をどう定義するのかが分からないので、この先に進めない。ここで天才ディラックは、先ず（17.11）を

$$E = c\sqrt{m^2c^2 + {p_1}^2 + {p_2}^2 + {p_3}^2} \tag{17.13}$$

と書き、これを

$$\frac{E}{c}=\alpha_1 p_1+\alpha_2 p_2+\alpha_3 p_3+\beta mc \qquad (17.14)$$

とおいて、これらの係数α_1～α_3、βを決定すれば良いのだと主張した。これらの係数はｃ数では（17.2）のような困難が生じるため、定められない。

つまり逆に考えて、これらの係数はｑ数の行列であれば（17.14）を定められる。

そして（17.14）の右辺を変形して性質を調べることで、これらの係数を満たす行列を定めることができる。

全くの天下りであるが、そうして求められた行列は、次のような形をしている。

$$
\left\{
\begin{aligned}
\alpha_1 &= \begin{pmatrix} 0 & 0 & 0 & 1 \\ 0 & 0 & 1 & 0 \\ 0 & 1 & 0 & 0 \\ 1 & 0 & 0 & 0 \end{pmatrix} \\
\alpha_2 &= \begin{pmatrix} 0 & 0 & 0 & -i \\ 0 & 0 & i & 0 \\ 0 & -i & 0 & 0 \\ i & 0 & 0 & 0 \end{pmatrix} \\
\alpha_3 &= \begin{pmatrix} 0 & 0 & 1 & 0 \\ 0 & 0 & 0 & -1 \\ 1 & 0 & 0 & 0 \\ 0 & -1 & 0 & 0 \end{pmatrix} \\
\beta &= \begin{pmatrix} 1 & 0 & 0 & 0 \\ 0 & 1 & 0 & 0 \\ 0 & 0 & -1 & 0 \\ 0 & 0 & 0 & -1 \end{pmatrix}
\end{aligned}
\right. \tag{17.15}
$$

これを、**ディラック行列**という。この行列は別の表し方が無数に存在する（結局（17.14）を満たすなら何でも良い）ので、書き表し方はこれだけではないのだが、これはディラックが求めたものなので、これを特に**ディラック表示**という。

ここでは、（17.14）を満たす行列の正体がはっきりしたので、これを同様にα_1〜α_3、βと表して、量子化の手続きを進めよう。

問18　(17.14) に (17.2) を代入して、完全な相対論的量子力学の基礎方程式を導出しなさい。

解

$$E=c(\alpha_1 p_1+\alpha_2 p_2+\alpha_3 p_3+\beta mc)$$

に量子化の手続き (17.2) を行なって、

$$i\hbar\frac{\partial}{\partial t}=c(-i\hbar)\left(\alpha_1\frac{\partial}{\partial x_1}+\alpha_2\frac{\partial}{\partial x_2}+\alpha_3\frac{\partial}{\partial x_3}\right)+\beta mc^2$$

$$=-i\hbar c\left(\alpha_1\frac{\partial}{\partial x_1}+\alpha_2\frac{\partial}{\partial x_2}+\alpha_3\frac{\partial}{\partial x_3}\right)+\beta mc^2 \qquad (17.16)$$

ψを作用させて、

$$\boxed{i\hbar\frac{\partial}{\partial t}\psi=\left(-i\hbar c\sum_{i=1}^{3}\alpha_i\frac{\partial}{\partial x_i}+\beta mc^2\right)\psi} \quad \cdots\cdots (答) \ (17.17)$$

となる。これが**ディラック方程式**であり、これこそ相対論的量子力学の基礎方程式である。

ディラック方程式（相対論的量子力学の基礎方程式）

$$i\hbar\frac{\partial}{\partial t}\psi=\left(-i\hbar c\sum_{i=1}^{3}\alpha_i\frac{\partial}{\partial x_i}+\beta mc^2\right)\psi$$

これは、全ての相対論的な条件と量子力学的な条件を満たしている（時間と空間は共に1階微分である）。

ここで、中括弧の内部を（わざとらしく）Xとおいてみると、

$$i\hbar\frac{\partial}{\partial t}\psi = X\psi \tag{17.18}$$

となり、シュレーディンガー方程式から類推してXとは$\widehat{H}$に他ならないと直ちに分かるが、ここでの$\widehat{H}$は当然シュレーディンガー方程式の$\widehat{H}$とは異なり、

$$\widehat{H} = -i\hbar c\sum_{i=1}^{3}\alpha_i\frac{\partial}{\partial x_i} + \beta mc^2 \tag{17.19}$$

という形をしている。これを、**相対論的ハミルトニアン**または**ディラックのハミルトニアン**という。

相対論的ハミルトニアン（ディラックのハミルトニアン）

$$\widehat{H} = -i\hbar c\sum_{i=1}^{3}\alpha_i\frac{\partial}{\partial x_i} + \beta mc^2$$

またここでのψは多成分に拡張されたもので、

$$\psi = \begin{pmatrix}\psi_1\\ \psi_2\\ \psi_3\\ \psi_4\end{pmatrix} \tag{17.20}$$

という形になる。ここで、行列α_1～α_3、βは多成分に拡張された波動関数（17.20）に作用するものだから、なんとこのディラック

方程式によって、自然にスピンの実在を説明することができるのである。

61 反粒子？

以上から、ディラック方程式は相対論的に不変な、相対論的波動方程式で、かつ量子力学的波動方程式であると結論付けられた。これで「めでたし、めでたし」という話で終われば良いのだが、またもやトラブルが発生した。クライン＝ゴルドン方程式を導いた一人である、オスカル・クラインはディラック方程式で電子の運動エネルギーを求めたが、問題はその計算結果である。

エネルギーは必ず正にならなくてはならないはずなのだが、ディラック方程式で計算すると、電子のエネルギー状態が負になってしまうというのである。この矛盾を、**クラインの逆理**という。

仮に負のエネルギーを持つ粒子が存在すると、色々とおかしなことになる。例えば、これが地球から放出されて太陽に吸収されたなら、太陽のエネルギーを得る前に、地球の方が勝手にエネルギーを得て暖かくなるという事態が起きてしまう。

では、ディラック方程式はもう一度たて直さなくてはならないのだろうか。然し、ディラックは絶対に自分の方程式を書き直すつもりはなかった。彼は、数式上ではなく、理屈で論破してやろう、という考えだった。ディラックは、クラインの計算結果は合っている。従って、自分の方程式も合っている、といういわば「妥協案」を提案したのである。彼は、クラインの計算結果に現れた電子の正体は電子の**反粒子**である、と主張した。

反粒子とはその名の通り、「反対の性質を持つ粒子」である。ディラックは、素粒子は粒子と反粒子の2つの状態を持ち、両者は**荷電共役変換**という操作で入れ替わる。粒子と反粒子は同じ質量、同じ寿命で、電荷や量子数、そしてエネルギー状態は互いに反対の符号と同じ絶対値を持っている、と考えた。

これなら、電子が負のエネルギー状態になったとしても問題ない。何故なら、電子が負のエネルギー状態でも、電子の反粒子なら電子と反対の符号と同じ絶対値を持っていて良いわけであるから、クラインの逆理で導かれた電子は、電子ではなく、電子の「反粒子」だったというわけである。

ディラックは電子の反粒子を**陽電子**と名付けた。ここで他の物理学者は「陽電子は思弁の産物である」として一笑に付したが、それが覆される事態が1932年に起こった。アメリカの**カール・デビッド・アンダーソン**と**ヴィクトール・フランシズ・ヘス**が1932年、**ウィルソン霧箱**（蒸気の凝結作用で荷電粒子の飛跡を検出するための装置）によって**宇宙線**（宇宙空間に存在する高エネルギー放射線、またはそれが地球大気に入射してつくる放射線）を研究中、ディラックが提唱し、約4年間机上の空論に過ぎないと思われていた**陽電子**が発見されたのである。

やはり、ディラックの「数学的な美」のセンスには誰も敵わないというわけである。

世界初の反粒子発見である。現在では、反粒子は実験物理学者の注目の的であり、反粒子と反粒子で創り出された**反物質**もまた研究と興味の対象であるところだ。

ここで、ディラック方程式に従い、粒子と反粒子の区別がつく粒子を**ディラック粒子**、粒子と反粒子の区別がつかない粒子を**マヨラナ粒子**という。

こうして、クラインからアンダーソンまでを巻き込んだディラック方程式は完成した。**相対論的量子力学**の始まりである。

クラインの逆理も、結局は陽電子という反粒子の存在を仮定することによって決着がつき、アンダーソンらの研究から、逆に事実と合致していることが確認された。

こうして、ディラック方程式は相対論的量子力学における基礎方程式となり、電磁場との相互作用を含む線形の方程式として完成をみることとなった。

62 更なる応用

反粒子の問題は、ディラックによって、**空孔理論**（くうこう）の形にまとめられた。この理論の概略だけ説明しよう。ディラックは先ず真空を再定義して、真空はからっぽの虚無の空間ではなく、負のエネルギー状態が電子によって満たされている状態であると主張した（試しに『理化学辞典　第５版』をみても、真空は物理的空虚ではない、と書かれている）。こうしてディラックが再定義した真空を**ディラックの海**という。

そして、負のエネルギーの電子が正のエネルギーの状態に励起された後残った空孔が陽電子だ、と考える。相対論的量子力学の定式化後も、負のエネルギー状態の問題が続出したが、その後ディラックの電子論から派生した**素粒子物理学**と**量子電磁力学**に関連して、**リチャード・ファインマン**らがその大部分を解決に導いた。

ファインマンは、陽電子と電子が、電荷やエネルギーなどの符号が変わっただけで、絶対値が変わっていないから、陽電子は、要するに時間を逆行する電子ではないだろうか、と考えた（これは量子力学ではなく、量子電磁力学の範囲にあたるが、ディラックの電子論に関わることなので、ここで概略を説明する）。

「時間を逆行する」とは、言葉の通り、「時間を逆に遡る」という意味である。ここで、ファインマンは次のように考えた。時間の符号を負にすると、粒子の加速度は変わらないが速度が負になる。それは、時間がそのままにして、電荷を負にしたものと同じだから、時間が逆行するのはおかしいので、電子の電荷が逆、つまり正になった陽電子であると考えれば良い。そしてこの解釈によれば、空孔理論を仮定せずとも、負のエネルギー状態を解決することができ、現在ではこれが主流となっている（空孔理論にはポテンシャルによって無限個の粒子・反粒子の対が生成されるという問題もあって、後に放棄された）。

XVIII 量子と重力の螺旋

63 一般相対論なら？

前回は、量子力学で特殊相対論を扱った場合どうなるかを論じたが、ならばこれを一般相対論にしたらどうなるかという考えに至るのは全く自然なことである。ここではこれについて考察していこう。

だがここで述べることは、ここでの考え方の初歩の初歩を引っ掻いたに過ぎないことを強調しておく。何故ならこれが、現在未完成の理論であり、世界トップクラスの物理学者と数学者が必死になって考えている事柄であるので、その中で用いられる数学的構造ならびに物理概念が極めて難解なためである。

では始めよう。まずは一般相対論の基本を直観的に述べる。一般相対論とは、重力が扱えない特殊相対論を一般化したものである。では何故、特殊相対論は重力を扱えなかったのか。それは、特殊相対論で扱う力が（主に）電磁気力であるということにある。つまり、電磁気力と重力の力に、性質上の大きな差があったためである。

この２つの力を比べてみよう。例えば、電池や磁石を思い浮かべて頂ければ、電磁気力には引力と斥力（反発力）という２つの重要な側面があることが分かるが、重力を考えると、重力とは物体を下に引く力であって、上に上昇させるはたらきはない、即ち重力には、引力しかないのである。

　また、電磁気力がかかる空間を「電場」、「磁場」という。このように電磁気力なら対応する場が2つあるのだが、重力がかかる空間は「重力場」としか呼べないのであって、重力に対応する場は1つしかない。更に、電磁気力が空間にかかるときは、電荷（物体の持つ電気）が電場を形成し、電荷の振動によって磁場が形成される。これが繰り返されて、電場、磁場、電場、…と伝わっていく（こうして生まれた波が電磁波である）。これは、一つ一つの段階によって作用が伝わることから**近接作用**と呼ばれる。

　これに対して、重力はニュートン力学では速さ∞、時間0で伝わると考えられており、光速度不変の原理に大きく違反していたが、当時は重力が物体に作用した時点はいつなのかはっきりしていなかったので、とりあえずニュートン力学の仮定を用いていた。これにより重力は**遠隔作用**と呼ばれる。

　こうした2つの力の違いが、特殊相対論で重力を扱えなかった理由である。そこでアインシュタインは一つずつ解釈を修正していくことによって両者の差を埋めていった。最初に場の問題である。

　アインシュタインは、重力が物体を引いたとき、物体の空間もこれにともなって引きずられるのだ、と考えることにすれば、重力には「物体を下に引く」という力と「空間を引きずる力」という2つがあると主張した。もしこれを仮定すれば、作用の問題も片付く。物体を引く力が空間を引きずる力を生み、それが物体を引く力に…と考えられるから、これはもう電磁気力と同じである。この意味で、空間を引きずる力を**重力の磁場成分**という。

こう考えれば、重力も近接作用になり、光速度不変の原理も満たされる。よって、電磁気力が光速で伝わることから、重力も光速で伝わるといえる。

そして、アインシュタインは重力が場所によって強さや方向が異なることから、重力場は平面というより曲がった空間であることを指摘した。

例えば、ロープが切れたエレベーターの中では無重力になることが知られているが、エレベーターの中に２つの物体を置いたとき、無重力の中でも２つの物体が互いに近づくことがある。これは、２つの物体が共に地球の中心に落ちようとして落下方向にずれが出るためである。

この状況は、球面の上で平行線を引いてみると説明がつく。普通平面の平行線が交わることはないが、球面なら平行線が交わる（地球儀の経線を見て頂きたい）。従って、一般相対論の式は曲がった空間の幾何学である**リーマン幾何学**を使わねばならない。以上に基づき、アインシュタインは 1915 年、次の**アインシュタイン方程式（重力場の方程式）**を導出した。

$$R_{\mu\nu}-\frac{1}{2}g_{\mu\nu}R=\frac{8\pi G}{c^4}T_{\mu\nu} \tag{18.1}$$

詳しくは踏み込まないが、これは「時空連続体（宇宙）の曲率は、物質とエネルギーの分布に依存する」ということをいっている。これこそ重力を扱える相対論の一般化であり、一般相対論の基礎方程式である。但しアインシュタインは、このとき、宇宙は永久不変であると信じていたので、(18.1) では物質の重力によって宇宙が潰れてしまうのではないかという懸念を抱いて、重力に対抗する何かしらの斥力があるはずだと考えた。

彼はこれを Λ と書いて、空間の反発力であり、宇宙を一定に保つもの、即ち**宇宙定数**であると説明した。そしてこれを (18.1) に組み込んで $\Lambda g_{\mu\nu}$ という**宇宙項**にして

$$R_{\mu\nu}-\frac{1}{2}g_{\mu\nu}R+\Lambda g_{\mu\nu}=\frac{8\pi G}{c^4}T_{\mu\nu} \tag{18.2}$$

と書き換えた。然し、宇宙は**エドウィン・ハッブル**が主張したように、膨張しているので、これは不要になった。このことが分かると、アインシュタインは直ちに式を元に戻して、宇宙定数の導入は「生涯最大の失敗」であると語ったが、どうやら最近、これはあながち失敗ではなかったことが分かってきた。

何故なら、宇宙の膨張が加速していることが観測された（これはソール・パールマッター、ブライアン・シュミット、アダム・リースらの業績である。これにより彼らは 2011 年、ノーベル物理学賞を受賞した）からだ。

これは (18.1) のモデルでは説明できない。宇宙は膨張しているとしても、宇宙に存在する物質の重力が邪魔をするので膨張速度は減速するはずだからである。そこで導き出される結論は一つしかない。何らかの正体不明なエネルギーが作用して、宇宙の膨張速度を上げているということだ。このエネルギーを**ダークエネルギー**とい

う（だが直接の検出はできていない）。

確かに、数式の上でも、（18.2）の右辺に宇宙項を移項すると、

$$R_{\mu\nu}-\frac{1}{2}g_{\mu\nu}R=\frac{8\pi G}{c^4}T_{\mu\nu}-\Lambda g_{\mu\nu}$$

$$=\frac{8\pi G}{c^4}\left(T_{\mu\nu}-\frac{c^4}{8\pi G}\Lambda g_{\mu\nu}\right) \qquad (18.3)$$

となって、エネルギー量を示す$T_{\mu\nu}$の追加項として宇宙項が現れる。従って、（18.3）の$\frac{c^4}{8\pi G}\Lambda g_{\mu\nu}$がダークエネルギーを表す項となる。これ以上続けると、一般相対論で埋めつくされてしまうので、これ以上の解説は一般相対論の本に任せる。これらを踏まえた上で本題に入ろう。

64 力の統一

さて、ディラック方程式のときのように量子力学に一般相対論をそのまま持ち込むのは不可能である。ディラック方程式の方法がうまくいったのは、量子力学と特殊相対論の間で扱う力が同じだったからで、扱う力が異なればまた違ったアプローチを要する。特殊相対論で扱う力は電磁気力だが、これはミクロの世界でもはたらくため、扱う力は共通とみて定式化できた。

これに対し一般相対論で扱う力は重力である。ここで問題なのは、ミクロの世界で重力が及ぼす影響が測定不能なまでに小さいということだ。このことは、重力定数（万有引力定数）とクーロン力定数（静電気力定数）の値を比べてみると20桁の差があることからも明

らかで、その力の格差は、磁石とクリップの関係にしばしば例えられる。鉄のクリップの真上に磁石を近づけると、クリップは飛び上がって磁石に付く。これは、電磁力が重力より大きいことの経験的な証明である。

だがそれほど電磁気力が大きいならば、実生活に何故影響が（ほとんど）見られないのか。それは、電磁気力には引力と斥力があり、この世界には概ね同数の＋と－の電荷があるため、それらが互いに打ち消し合うためである。

ところで、力というものは接触してはたらくものと、接触しなくてもはたらく力があると学んだはずだが、少しこれについて考えてみよう。

物体は原子から出来ている。そして原子は原子核と電子から成る。ここで接触してはたらく力とは、物体と物体が触れ合うことではたらく力であるから、その物体を構成する原子の中の電子の相互作用によって生じると考えれば、接触してはたらく力とは、実は電磁気力の特殊な場合に過ぎないことが分かる。従って、力を接触によって分類する必要はない。

こうして力を統一していくと、重力、電磁気力、強い力（核力）、弱い力という 4 つに帰着する。これが世界に存在する基本的な 4 つの力だ。

強い力というのは、陽子と中性子を結びつけて原子核を形作る力で、**弱い力**は β 崩壊（電子と反ニュートリノ、または陽電子とニュートリノを放出して起こる原子核の崩壊）などにより原子の種類を変える力である。

この4つの力は＜重力、電磁気力＞と＜電磁気力、強い力、弱い力＞という2通りの分け方ができる。最初の分け方は、マクロの世界で通用する力で、その次の分け方はミクロの世界で通用する力である。つまり、重力はマクロの世界でしかはたらかず、強い力と弱い力はミクロの世界でしかはたらかない。

ここでいう「強い」「弱い」というのはミクロの世界の話なので、電磁気力と比べたときに強いか弱いか、ということであるが、弱い力とはいえミクロの世界ではたらくのだから、重力よりは「強い」力である。よって重力は弱い力よりも更に「弱い」力である。従って、力の大きさ順に並べると次のようになる。

強い力 ＞ 電磁気力 ＞ 弱い力 ＞ 重力　　(18.4)

このことを考えると、特殊相対論というマクロの物理学を、ミクロの物理学である量子力学に持ち込めたのは、特殊相対論で扱う力が電磁気力で、それがたまたま量子力学でも使える力であったためであると分かるから、この2分野の間で力の統一が為されていたのだといえる。

これに対し一般相対論が扱う力は重力で、4つの力の内の唯一ミクロの世界で通じない力である。つまり、この間では力の統一が為されていないから、一般相対論を量子力学に持ち込むには重力を量子化して量子力学で扱えるようにしなくてはならない。

但し、そのまま量子化することはできない。いくつかの困難があることが分かっている。例えば、計算結果が無限大になる上、「くりこみ」できないという問題である。量子力学の計算、特に電磁気力を扱う量子力学である量子電磁力学では計算すると無限大になることはよくあることだが、こういうときは**くりこみ**という方法で無限大を相殺していた。具体的には、電磁場を変えると電子の質量が無限大になるという問題があるとき、電子に大きさを与えて、電子は電磁場のエネルギーによる質量以外に固有の質量を持っているとして、その質量が負の値をとるように設定すれば無限大が打ち消されるというものだ。

これがリチャード・ファインマン、朝永振一郎、**ジュリアン・シュウィンガー**による**くりこみ理論**というものである。だが現在、重力はくりこみできないことが証明されてしまっている。普通なら、ここで諦めるとなってもおかしくはない。既存の理論は役に立たず、どういう手が有効なのかも分からない。だがここで物理学者が諦めない（諦めてはならない）のは、重力が量子化されることになる現象の具体例が分かっているからだ。それは、誕生直後の宇宙である。

宇宙は現在膨張しているから、逆に考えれば、時間を巻き戻すと収縮していって、それが続くと小さな点になって、最終的には量子のサイズになってしまう。このときの宇宙は、勿論量子力学に従うが、一般相対論にも従うのである。

一体何故か？ 重力はミクロの世界でははたらかないのではなかったか？ 残念、それは現代の宇宙の話である。

あの天才ディラックが言いだしたことなのだが、彼によれば、4

つの力は宇宙誕生のときは１つであったが、それが徐々に分裂して今の形になった。その中で重力はかなり古い時代で最初に分裂し、以来重力定数は時間と共に弱くなっている、というのだ。そして流石というべきか、この理論予測はかなり当たっているのだ。

つまり、重力定数は定数ではなく、次第に弱くなるものだが、それが長い時間をかけて変化していくため変化の観測が難しい、というわけである。ということは、宇宙誕生直後は重力もある程度は強かったはずであり、ミクロの世界でも普通に通用していたはずであるから、これこそ量子力学と一般相対論が同時に成立する（恐らくは唯一の）現象である。

現在の物理学者の多くは、こうした微視的なスケールで重力の作用が起こると、これまでミクロの世界で見てきたようなミステリー性が重力に介入して**重力の量子効果**が顕著に表れると考えており、このような現象が自然界で起こる可能性が少しでもある以上、物理学者ならこの理論を完成させなければならないのである。こうした、重力を量子力学で扱う理論を**量子重力理論**という。

そこで、方法として力の問題に帰って考えることにするのである。ミクロで使える力は電磁力、強い力、弱い力であったから、これを１つの力として統一して、それと重力を更に統一することによって全ての力を１つにまとめようという方法だ。

これによれば、自然界に存在する全ての力を記述できるので、全ての物理法則を包括していることになり、全ての物理理論は全てこれの近似であったことになる。これが、**万物の理論**である。

また、これにより重力の量子化が達成されることになるため、やはり宇宙誕生直後には4つの力は全て単一の力として記述されることになる。そして、これの前のミクロの3つの力を統一する理論を**大統一理論**という。そして現在のところ、**スティーブン・ワインバーグ**、**アブドゥス・サラム**、**シェルドン・グラショー**によって電磁気力と弱い力が統一され、実験でも確認されている。

65 最後の挨拶

「万物の理論」は単なる名前に過ぎない。肝心なのは中身が何であるかということであり、現在その候補として**超弦理論（超ひも理論）**、**ループ量子重力理論**が上がっている。ではこの2つの立場の概略だけを述べて終わりにしよう（これらを本格的に解説したらそれだけで一冊分になってしまう）。超弦理論は文字通り、物質の真の究極を弦と考える。素粒子を振動する弦と仮定しているが、実際に弦の存在が実験や既知の事柄から示唆されたわけでは決してない。弦は1次元的に広がったものだが、重力の作用が弦上の1点でのみ起こるため、発散（無限大）の問題を防ぐことができるのだ。

これに対して「ループ量子重力理論」は、時空連続体という概念を放棄する。時間も空間も連続的に続くというのは経験的に当然と考えられるものだが、だからこそ量子力学のミステリー性が絡んできそうである。この理論はそうしたアプローチから生まれた。

つまり、量子力学が時空を支配すると、時空が不確定になるというのである。これを、時空が不連続であると解釈する。そうすると、そこでの重力は**超重力**となり、やはり発散を防ぐことができる（この「ループ」というのは電磁気学でいう電気力線に当たるものと考えて良い。このループを、我々は「時空」と解釈するのである）。

どちらも発散を防ぐ、というのが共通点だが、超弦理論の方はブラックホールのエントロピーの計算が出来ており、しかもそれが古典論での近似計算と大方一致しているので、少々優勢である。だがもしこの理論が完成してしまったら、理論物理はどうなるのだろうか。万物の理論は全ての物理法則を包括するから、基礎理論としての理論物理は完成し、万物の理論が物理学の「最後の挨拶」になるのだと考える人もいるが、まだ謎が残るのだという人もいる。だが、万物の理論の完成には少なく見積もってもおよそ 100 年はかかるであろうといわれている。議論しているのが 138 億年前の話というだけあり、やはり理論を信頼するに足るデータが不足しているのが問題である。まだまだ先は長い。

第6章

近未来的応用への道

～量子力学の利用～

XIX 量子コンピュータ

66 夢のコンピュータ

これまで長々と量子力学の基礎を概観してきたが、ここからはこれまでに見てきた量子力学のミステリー性を使うと、どういう技術が考えられるかという話をして、本書を終えたいと思う。然し、量子力学の応用例は実に膨大であり、物性論や工学の知識が要求されるため、全てを語り尽くすことは難しい。そこで、量子力学のミステリー性を用いたものの内、最も興味深い２つの技術を紹介しよう。

その一つが、**量子コンピュータ**である。量子力学の性質を利用することにより、圧倒的な計算力を持つ「夢のコンピュータ」ができるというものである。ではその仕組みを探ってゆこう。

67 圧倒的計算力の秘密

よく知られていることだが、コンピュータは全て、その性能の良し悪しに関わらず、０と１の連なり、即ち**２進数**で演算を行なっている。こういうことをするのは、電気信号の ON・OFF だけで数を区別できて効率が良いからだが、どのコンピュータでもマクロ由来の物である以上、古典力学に従う。よって１つの状態で計算をするのが精々だ。

ではミクロ由来の物にすれば量子力学に従わせることができるはずである。すると何が起こるのだろうか。

最初これは、厄介なことであるとされた。初期のコンピュータである ENIAC と現在のノート型パソコンを比べてみれば、コンピュータは進化するにつれて内部の部品が小さくなっていることが分かるが、このまま進むとそれは原子の大きさに近くなり、不確定性原理がはたらいて 1 と 0 の決定を不確定にするのではないかと考えられたからだ。

これに対して、リチャード・ファインマンやイギリスの**デヴィッド・ドイッチュ**は重ね合わせの原理から、また違った解釈ができると考えた。つまり、コンピュータの部品がもし量子的物体であれば、それは重ね合わせの状態をとるから、0 か 1 かだけではなく、0 と 1 の状態を同時にとることができるというものだ。

量子的物体は様々な状態の足し合わせでできている。その状態のそれぞれで計算ができれば、従来のコンピュータが複数回かけて行なっていた計算を並列して行なうので、一度でできることになる。このコンピュータは量子力学に従うので「量子コンピュータ」と呼ばれている（これに対し、従来のコンピュータは古典力学に従うから“古典コンピュータ”と呼ぶことにしよう）。

古典コンピュータで使う 0 と 1 の文字列は**ビット**というが、量子コンピュータでは 0 と 1 はただの文字ではなく状態を表していると解釈し、量子化されたビットということで**量子ビット**または**キュービット**という（これは量子ビットの英語 quantum bit を縮めたもの)。

ここで、量子ビットの正体は文字でなく**状態である**ことに注意すると、これはブラ・ケット記法を用いて$|0\rangle$、$|1\rangle$のような表し方をすべきだと分かる。例えば2つの量子ビットは、

$$\begin{cases} |0\rangle \otimes |0\rangle \\ |0\rangle \otimes |1\rangle \\ |1\rangle \otimes |0\rangle \\ |1\rangle \otimes |1\rangle \end{cases} \tag{19.1}$$

のような状態をとることができる（$\otimes$は、$|\alpha\rangle$と$|\beta\rangle$の組み合わせであることを示す記号)。古典ビットであれば、この4つの状態の内1つを確定するわけだが、量子ビットは重ね合わせの状態にあるので、一度にこれら4つの状態をとる（だから$|00\rangle$ではなく$|0\rangle \otimes |0\rangle$と書くのだが、$|00\rangle$のように省略して書く本もある)。

いわゆる重複順列の考え方になるが、文字列は0と1の2つだから、量子ビットがn個のときにとることができる状態の数Nは、

$$N = 2^n \tag{19.2}$$

になる。よって、5個なら32個の状態、10個なら1024個の状態、そして30個なら1073741824個という風に、とれる状態の数は指数関数的に増加する。

これなら、今までの常識を覆すコンピュータができそうだという理由が分かるはずだ。これこそ、量子コンピュータの圧倒的な計算力の秘密である。

ここで、重ね合わせについて考えてみよう。(19.1) を状態の重ね合わせの式としてまとめると、

$$|\psi\rangle = c_1(|0\rangle \otimes |0\rangle) + c_2(|0\rangle \otimes |1\rangle) + c_3(|1\rangle \otimes |0\rangle) + c_4(|1\rangle \otimes |1\rangle) \tag{19.3}$$

となる。簡単のために、1つの量子ビットに限定しよう。すると、

$$|\psi\rangle = c_0|0\rangle + c_1|1\rangle \tag{19.4}$$

となる。ここでc_0やc_1は複素係数で、

$$|c_0|^2 + |c_1|^2 = 1 \tag{19.5}$$

として規格化できるとする。すると0か1かだから、確率は$\frac{1}{2}$で、

$$\begin{cases} |c_0|^2 = \dfrac{1}{2} \\ |c_1|^2 = \dfrac{1}{2} \end{cases} \tag{19.6}$$

となり、2乗をとるにはルートをとれば良いから複素係数が決定し、(19.4) は

$$|\psi\rangle = \frac{1}{\sqrt{2}}|0\rangle + \frac{1}{\sqrt{2}}|1\rangle \tag{19.7}$$

であることが分かる。

量子コンピュータで計算をすることは、もとの量子状態を変えることをいう。計算前の状態を**始状態**、計算後の状態を**終状態**という

が、始状態を変化させることが計算であり、変化した結果である終状態が計算結果なのである。つまり（19.7）の場合、$|\psi\rangle$が始状態で$\frac{1}{\sqrt{2}}|0\rangle+\frac{1}{\sqrt{2}}|1\rangle$が終状態に当たることになる。

この議論は１つの量子ビットに対するものだが、複数の量子ビットの議論は少々抽象的である。例えば（19.3）を見て頂きたい。これは、次のように分解することができる。

$$|\psi_1\rangle=\frac{1}{\sqrt{2}}(|0\rangle\otimes|0\rangle+|1\rangle\otimes|1\rangle) \tag{19.8}$$

$$|\psi_2\rangle=\frac{1}{\sqrt{2}}(|0\rangle\otimes|1\rangle+|1\rangle\otimes|0\rangle) \tag{19.9}$$

これらを**ベル状態**という。ここで（19.8）は$|0\rangle$ 2つと$|1\rangle$ 2つが揃った形で（19.9）は$|0\rangle$と$|1\rangle$の組み合わせが対称になった形だが、この内（19.8）はエンタングル状態にあり、$|0\rangle\otimes|0\rangle$に行なった操作が$|1\rangle\otimes|1\rangle$に（距離を問わず）影響する。これは皮肉なことに、EPRのパラドックスに因んで**EPR相関**であるといい、$|0\rangle\otimes|0\rangle$と$|1\rangle\otimes|1\rangle$の重ね合わせを特に**EPR対**という。

量子コンピュータは（19.2）でみたように、少ない量子ビットで多くの状態をとって計算できるのが売りなので、量子ビットは複数でなければ意味がない。従って、実用的な量子コンピュータには量子ビットをエンタングル状態にさせる素子が不可欠となる。ここから先は更に難解なので踏み込まないが、この素子を**制御NOTゲート**といい、２つの量子ビットに対してはたらく。これに対して、１つの量子ビットに対してはたらき、量子ビット本体（３次元）を与えられた角度だけ回転させる素子を**回転ゲート**といい、この2つを合わせて**基本ゲート**という。名称と作用だけでも覚えておいて頂きたい。

68 その実力は？

誤解しないで頂きたいが、量子コンピュータは必ずしも全ての計算を素早くこなすわけではない。古典コンピュータができない（長い時間がかかる）問題が早く解けるのである。

これは、逆にいえば古典コンピュータが素早くやる問題を量子コンピュータがやると古典コンピュータより遅くなることを示唆しているが、実際その通りで、例えば1＋1などの電卓でも素早く出来る問題は家庭用パソコンよりずっと遅いであろうといわれている。

これは、(19.3) を見れば分かる通り、1＋1を量子コンピュータに計算させると一度に4つの状態で計算を始めるため、答えが4つ同時に現れ、その中から不適切なものを消去して残ったものを10進数に変換し、ようやく答えが得られるので、余計な操作が入ってしまうことになる。

つまり、量子コンピュータは考えられ得る全ての場合を計算してしまうのだ。だから、例えば量子ビットが n 個あれば計算結果は n 通り現れ、それを1つに絞らなくてはならないのだから、余計な操作が入って遅くなることはすぐに分かる。

だが、これを逆に考えれば量子コンピュータの得意分野は全ての場合を知らなくてはならないような問題であることも分かる。その最たる例が、**素因数分解**である。

例えば、やろうと思えば29×17を暗算して 493 を得ることができるが、いきなり 493 を構成する 2 数は何かといわれて即座に答えるのは難しい。これが 12 であれば2^2と 3 であると直ちに分かるが、493 の場合、その答となる 29 と 17 を得るには実質的に 493 を 1 から 17 まで割らなくてはならず、この桁が更に大きくなれば、スーパーコンピュータでも困難になる。実際、現在の**公開鍵暗号**はこのような素因数分解の困難性を利用したものである。

それが量子コンピュータの手にかかれば驚異的なスピードで素因数分解が行なわれる。例えば、200 桁の素因数分解をするには、現在のスーパーコンピュータで 10 年かかるが、量子コンピュータはこれを数分で解く。更に、1 万桁のとき、スーパーコンピュータは 1000 億年かかるが、量子コンピュータはこれを数時間で解く。

この超高速でできる素因数分解アルゴリズムを特に**ショアのアルゴリズム**というが、これを古典コンピュータで試しても効果はない。あくまで量子コンピュータ専用のアルゴリズムである。これこそ量子コンピュータの実力の真骨頂であり、「夢のコンピュータ」といわれる所以である。

69 実用化に向けて

ではこれを実用化するにはどうすれば良いのか。大前提として、これまで常に議論の中心にあった量子ビットを作ることが必要である。これを担うものとして、スピンが挙げられる。

磁場によってスピンの方向を操作し、上向きスピンを$|0\rangle$、下向きスピンを$|1\rangle$と認識させれば、重ね合わせの原理で粒子は上向きスピンと下向きスピンの状態を同時にとるので、めでたく量子ビットとして機能するようになる。

このことは、重ね合わせの状態になれるのであれば何であれ量子ビットとして機能させることができることを示しているが、完全な量子コンピュータと認められるには、次の6つが必要となる。

i．量子ビットが初期化できる。
ii．量子ビットの状態を読み出せる。
iii．基本ゲートを構成できる。
iv．規模・動作回数などが、量子ビットの数が増えても急に増大しない（初期化・計算量・ゲート操作・部品数などに制限がかかる）。
v．波動関数の収縮が起きる前にゲート操作・計算を完了させることができる。
vi．量子エラーコレクションを実行できる。

見て分かるように、vとviがかなり厳しい条件である。実際問題、重ね合わせの状態はそう長くは続いてくれないのであって、$|0\rangle$か$|1\rangle$かが確定（変化）した瞬間、（19.3）はバラバラの（19.1）になってしまい、複素係数として含まれていた情報は失われてしまう。

また、viも問題である。**量子エラーコレクション**とは量子コンピュータに誤作動が起きて量子ビット列が乱れて出てくることがあるので、そうしたエラーを訂正することである。古典コンピュータなら直接観測すればエラーを検出できたり、1001 を送りたいときは複数回、例えば 3 回続けて、111、000、000、111 と送ればビットが 1 つ逆になっても多数決をとって元に戻せたりする。エラーの数が複数なら続ける数もそれに応じて 4 回以上にすれば済むことだ。

ところが、量子コンピュータでは、観測でエラーを検出しようとすると、またしても波動関数の収縮が起きて状態が変化してしまい、エラーを検出できない。その上、全く同じ状態を作り出すことはできない（これを**ノー・クローニング定理**という）ため複数回送ったりもできない。

だがこれは解決手段がはっきりしている。**ショアの 9 量子ビットコード**という方法だ。詳解はしないが、量子ビット列を 9 桁並べることによって、エラーの場所だけを抜き出すという方法である。

従って、実用化のためには波動関数の収縮をできるだけ遅らせなくてはならないが、現在、量子コンピュータはただの理論ではなく現実に可能なハイテクとして「完全な」量子コンピュータが完成間近のところまで来ている。

量子コンピュータを当たり前のように使いだす日が来るのも、そう遠くないのかもしれない。ファインマンも 2050 年までには実用化されるであろうと述べている。

然しそうなると、現在使っている公開鍵暗号は役に立たなくなる。素因数分解がそう簡単に解かれてしまっては、暗号として成り立たないからである。

そこで、量子力学を用いた暗号ということで**量子暗号**が提案されている。これは波動関数の収縮を利用した暗号で、量子状態に何かの情報を書き込み、重ね合わせの状態にしておく。もしこの情報を盗もうとすると、それは「観測」と同義だから、たちまち例の収縮が起こって量子状態が崩壊してしまう。従って、量子暗号は理論上、解読不能な暗号である。

では次でとうとう最後の節になってしまうが、量子コンピュータと並んで量子力学のミステリー性を利用した最先端の技術として知られる、量子テレポーテーションについて議論しよう。

XX 量子テレポーテーション

70 瞬間移動？

我々は恐らく、「テレポーテーション」という言葉を「瞬間移動」と同義に解釈しているはずだ。つまり、ある地点から全く別の地点へ時間０で移動することを指してである。

勿論これをマクロの世界でやろうとすれば、相対論が邪魔をする。ところが、既に我々はミクロの世界でこれとたいへん良く似た現象を目にしている。例えば量子エンタングルメントや波動関数の収縮、異なる定常状態間の遷移などがそれである。

これらは全て距離に関係なく瞬間的に行なわれる。

従って、これをうまく利用できれば瞬間移動を実現できそうだ、という風に考えることができる。こうしてできたのが**量子テレポーテーション**である（実際はこうではない。後で述べる事情から分かってくるはずだが、この概念は量子情報通信の手段として提唱されたものだ）。

だが、これは、我々の考えるようなテレポーテーションとは意味合いが微妙に異なる。誤解（がっかり？）しないで頂きたい。では始めよう。

71 情報の転送

SFの夢をいささか壊してしまうかのようだが、量子テレポーテーションは量子的物体の本体をもとの地点から別の地点に送るというものではなく、量子的物体に含まれる情報、つまり**量子情報**をその物体間で転送することで、古典的にはFAXのようなものである。

だが、FAXとの一番の違いは、量子テレポーテーションでは送る情報の原本を手元に残すことができないということである。これは、量子的物体の本体やそれの如何なる量子情報は絶対に同じもの（コピー）を作ることはできない、というノー・クローニング定理がはたらくからだ。

このことから、当初、量子テレポーテーションは作れないと考えられた。そこで、現在ではこの困難を次のような方法で回避している。

送りたい量子情報を一旦破棄して、それを送るべき地点で全く同じ量子情報を再生するというものだ。では、どうやって破壊するのか。

これには波動関数の収縮を使えば良い。送信者側で（故意に）情報を測定することにより壊すのである。

ここでコピーは作っていないわけだから、ノー・クローニング定理には違反していない。そしてこれこそ、量子「瞬間移動」ではなく量子「テレポーテーション」という理由である。

これは、量子情報の転送の様子がテレポーテーションと似ているから名付けられたものであり、残念ながら瞬間移動を実現させようとするものではない。

ではその方法を簡単に説明しよう。量子テレポーテーションは量子エンタングルメントを利用しているので、送信者側と受信者側は互いにエンタングルしている量子 A、B を持っている。ここですることは、A の量子情報を B へ送ることだ。前節でも触れたが、この状況の典型的な例が、EPR 対を持つベル状態、

$$|\psi\rangle = \frac{1}{\sqrt{2}}(|0\rangle_A \otimes |0\rangle_B + |1\rangle_A \otimes |1\rangle_B) \tag{20.1}$$

である。ここで A、B はエンタングルしているから、A が 0 であれば B は自動的に 0 となり、A が 1 であれば同様に B も 1 になる。この仕組みを使って、情報$\alpha|0\rangle - \beta|1\rangle$を量子テレポーテーションさせよう。送信者側と受信者側において、

$$(\alpha|0\rangle + \beta|1\rangle) \otimes \frac{1}{\sqrt{2}}(|0\rangle_A \otimes |0\rangle_B + |1\rangle_A \otimes |1\rangle_B) \tag{20.2}$$

を共有しているとして、これを I とおくと、加法の基本的な演算規則を用いて、

$$
\begin{aligned}
\mathrm{I}=&\frac{1}{\sqrt{2}}(|0\rangle|0\rangle_{\mathrm{A}}+|1\rangle|1\rangle_{\mathrm{A}})\otimes(\alpha|0\rangle_{\mathrm{B}}+\beta|1\rangle_{\mathrm{B}})\\
&+\frac{1}{\sqrt{2}}(|0\rangle|0\rangle_{\mathrm{A}}-|1\rangle|1\rangle_{\mathrm{A}})\otimes(\alpha|0\rangle_{\mathrm{B}}-\beta|1\rangle_{\mathrm{B}})\\
&+\frac{1}{\sqrt{2}}(|0\rangle|1\rangle_{\mathrm{A}}+|1\rangle|0\rangle_{\mathrm{A}})\otimes(\alpha|1\rangle_{\mathrm{B}}+\beta|0\rangle_{\mathrm{B}})\\
&+\frac{1}{\sqrt{2}}(|0\rangle|1\rangle_{\mathrm{A}}-|1\rangle|0\rangle_{\mathrm{A}})\otimes(\alpha|1\rangle_{\mathrm{B}}-\beta|0\rangle_{\mathrm{B}})
\end{aligned}
\tag{20.3}
$$

と書ける。これによって、送信者と受信者の間で半分ずつのベル状態を共有していることが分かる。

A、Bはエンタングルしているから、送信者側で量子状態が

$(|0\rangle|0\rangle_{\mathrm{A}}+|1\rangle|1\rangle_{\mathrm{A}})$、$(|0\rangle|0\rangle_{\mathrm{A}}-|1\rangle|1\rangle_{\mathrm{A}})$、$(|0\rangle|1\rangle_{\mathrm{A}}+|1\rangle|0\rangle_{\mathrm{A}})$、$(|0\rangle|1\rangle_{\mathrm{A}}-|1\rangle|0\rangle_{\mathrm{A}})$

のどれなのか測定すれば、それが瞬時に受信者側でそれぞれ

$(\alpha|0\rangle_{\mathrm{B}}+\beta|1\rangle_{\mathrm{B}})$、$(\alpha|0\rangle_{\mathrm{B}}-\beta|1\rangle_{\mathrm{B}})$、$(\alpha|1\rangle_{\mathrm{B}}+\beta|0\rangle_{\mathrm{B}})$、$(\alpha|1\rangle_{\mathrm{B}}-\beta|0\rangle_{\mathrm{B}})$

が測定値に応じて現れる。

今度は、現れた情報と伝える情報が一致するように、現れた情報を補正する。つまり、$(\alpha|0\rangle_{\mathrm{B}}-\beta|1\rangle_{\mathrm{B}})$以外は、$(\alpha|0\rangle_{\mathrm{B}}+\beta|1\rangle_{\mathrm{B}})$のとき「$|1\rangle$の符号をマイナスに変える」、$(\alpha|1\rangle_{\mathrm{B}}+\beta|0\rangle_{\mathrm{B}})$のとき「$|0\rangle$の符号を変えてから$|1\rangle$と$|0\rangle$を入れ替える」、$(\alpha|1\rangle_{\mathrm{B}}-\beta|0\rangle_{\mathrm{B}})$のとき「$|1\rangle$と$|0\rangle$を入れ替える」という命令が出せれば、受信者側で情報$\alpha|0\rangle-\beta|1\rangle$が現れる。この一連の変形と補正命令を**ベル測定**という。

なお、送信者側では量子情報の測定を行なっているため、波動関数の収縮が起きてその量子情報は破棄されており、それと同時に量子エンタングルメントの効果でその情報は受信者側に届いている。

これは、もっとも簡単な量子テレポーテーションの方法の説明の一つだが、どんなに複雑な情報を伝えるときであれ、それを2進数に直して量子ビットに変え、エンタングル状態を生成させ、もとの情報と一致させる命令が出せる回路を作ることができれば、量子テレポーテーションを実現させることができる。

そして実際に、この研究は世界で活発に行なわれており、量子コンピュータへの応用も含めて、かなりのところまで来ている。

1997年にはオーストリアの**アントン・ザイリンガー**（インスブルック大学）らがある条件の物を抜き出す特殊な量子テレポーテーションを、1998年には東京大学の**古澤明**らがどのような量子状態でも入力状態にできる一般化された量子テレポーテーションを成功させている。

量子テレポーテーションの回路は、量子コンピュータとなり得る条件を全て満たしており、狭義には量子コンピュータの最小単位ということができる。

量子コンピュータを含む量子情報通信が完全に実用化される日もすぐそこまで来ているはずである。そのとき、人類の技術はそれらを応用することで、どれだけ発展するのだろうか。今から大いに楽しみである。

2014年9月13日　脱稿

おわりに

遂に本書が、真に完成を迎えることとなった。

私が量子力学（というより物理学）の独学を始めたのは2010年のときで、またおぼろげながら自分の本を書きたいと思い始めたのもこの頃である。そして2014年2月に本書を書き始め、同年9月に脱稿した。

ところが、私はこれまで当然本など出したことがない上、物理学に対する客観的業績も皆無で、専門的な文章を書いたことさえなかった。更には、この年齢の問題もあって、本書の出版はたいへん難しいだろうということになり、出版社決定には本当に苦労した。事実、最終的に出版社が決定したのは2016年も終わろうとしている頃であった。結果としてこうして本の形にすることができたことは本当に有り難いことである。

本書の出版には色々な方々にお世話になっている。先ず、会社にこの企画を通し、一貫して本書の出版に尽力して下さったベレ出版の坂東一郎氏には心から感謝している。氏のサポートがなければ本書は未だ日の目を見ていないであろう。それから、私は執筆当時コンピュータに不馴れであったので、初稿は全て手書きによるものであった。その原稿用紙400枚以上にわたる手書き原稿を、根気強く入力して下さった滝沢康英氏、滝沢まりも氏に感謝申し上げる。

組版にはあおく企画の五月女弘明氏にご尽力頂いている。更に校正段階で、原稿の主要な部分を物理学者の和田純夫氏に、原稿の全てを小山拓輝氏に読んで頂き、数式・計算チェック、誤植訂正と共に「ここはこうした方が良い」など貴重なご意見を多数頂いた。心より御礼申し上げる。

そして、装丁を井上新八氏に、装画を藤田翔氏に担当して頂いた。この場を借りて謝意を表す。また、是非出版を完成させるようにと励まして下さった佐藤寛文先生（学校法人 八王子学園八王子中学校・高等学校元理事長）に御礼申し上げる。そして、あらゆる面で協力を惜しまず、常に私を支えてくれた私の祖父母と母に、この場を借りて感謝申し上げる。

2017 年 6 月 12 日

近藤 龍一

補遺 A

量子力学で用いる記号について

～本書で扱ったものを中心に～

参考のために、本書に出てきた難解な記号の読み方と説明を一覧にまとめておく（アルファベットや、等号・不等号・演算記号は省略した）。

但し、ここでの意味は全て本文中のものであるので、本によっては別の書き方をするものもあることに注意して頂きたい。

記号	読み	説明
γ	ガンマ	$\frac{h\nu}{m_e c^2}$
Δ	デルタ	不確かさ／差／微小な変化
δ	デルタ	δ_{ij}：クロネッカーのデルタ／$\delta(x)$：デルタ関数
ε_0	イプシロンゼロ	真空の誘電率
θ	シータ	任意の角度／温度
Λ	ラムダ	宇宙定数
λ	ラムダ	波長／固有値／摂動パラメータ
μ	ミュー	磁気モーメント／アインシュタイン方程式のテンソル添字
ν	ニュー	振動数／アインシュタイン方程式のテンソル添字
π	パイ	円周率／弧度法の1rad.／分度法の 180°
Σ	シグマ	総和記号
σ	シグマ	パウリ行列／散乱断面積
ϕ	ファイ	（波動関数の）完全規格直交系
φ	ファイ	時間に依存しない波動関数
ψ	プサイ	（一般的な）波動関数
ω	オメガ	角振動数
$\hbar$	エイチ・バー	$\frac{h}{2\pi}$
A^{-1}	エー・インバース	Aの逆行列

${}^{t}A$	トランスポーズ・エー	Aの転置行列
A^*	エー・スター	Aの共役な複素数
$A^\dagger$	エー・ダガー	Aの共役転置行列
$\det A$	デターミナント・エー	Aの行列式
$\|A\|$	絶対値エー	Aの絶対値
$\langle A\rangle$	期待値エー	Aの期待値
$\|A\rangle$	ケットベクトル・エー	Aの状態（ベクトル）
$\langle A\|$	ブラベクトル・エー	Aの共役な複素数
$\widehat{A}$	エー・ハット	任意の演算子（エルミート演算子）
$\widehat{H}$	ハミルトニアン	運動エネルギーとポテンシャルエネルギーの和をとる演算子
∇	ナブラ	$\boldsymbol{i}\frac{\partial}{\partial x}+\boldsymbol{j}\frac{\partial}{\partial y}+\boldsymbol{k}\frac{\partial}{\partial z}$
∇^2・Δ	ラプラシアン	$\frac{\partial^2}{\partial x^2}+\frac{\partial^2}{\partial y^2}+\frac{\partial^2}{\partial z^2}$
$\Box$	ダランベルシアン	$\frac{\partial^2}{c^2\partial t^2}-\nabla^2$
$\int$	インテグラル	積分記号$\left(\int_P^Q\right.$でPからQまでの積分を意味する$\left.\right)$
$\frac{d}{dx}$	ディー・ディーエックス	xの常微分
$\frac{\partial}{\partial x}$	ラウンドディー・ラウンドディーエックス	xの偏微分
∞	無限大	x軸上で正の方向に限りなく続く
$-\infty$	マイナス無限大	x軸上で負の方向に限りなく続く
$\pm\infty$	無限遠	無限大または無限小の極限
sin	サイン	$\frac{\text{垂辺(高さ)}}{\text{斜辺}}$
cos	コサイン	$\frac{\text{底辺}}{\text{斜辺}}$
$\log_a$	ログ	$x=a^y$のとき$y=\log_a x$（対数関数）
$\exp(x)$	エクスポネーション・エックス	e^x

更に量子力学の世界を探求したい読者のために

～本書で扱えなかった８つの発展的なテーマ～

ここでは、本書の中で直接触れることのできなかった発展的なテーマについて紹介することで、更にこの分野を探求する上での研究テーマを示しておく（あくまで参考に過ぎないが）。但し、ここでの内容は発展的テーマへの「導入」に過ぎないので、詳説はせず、直観的説明にとどめてある。それぞれどの章、節と関連しているか示してあるので、補遺Ｃの参考文献等を利用して、是非これからも量子力学という分野を楽しんで頂きたい。

1．パウリの排他律（関連：第２章Ⅵ、第３章Ⅶ）

「物体に大きさがあるのは何故か」と考えたことがあるだろうか。おそらく多くの人々は、当たり前すぎてこの疑問すらそもそも浮かばないであろう。だがこの問いに答えを出した人物がいる。それが、ヴォルフガング・パウリである。

彼は「１つの物理状態には、ただ１つの粒子しか存在し得ない」からという説明を与えた。これが、**パウリの排他律**である。

つまり、１つの粒子は１つの物理状態にしか入れないので、その次の２番目の粒子は２つ目の物理状態にしか入れない。こうして粒子が集合体となることによって、大きさが生じるといえるというわけである。この世に存在する粒子は、スピン$\frac{1}{2}$を持ち、原子を構成する電子や陽子・中性子等の**フェルミ粒子**（**フェルミオン**）と、スピン1を持ち、原子を構成しない光子や中間子等の**ボース粒子**（**ボソン**）に大別されるが、このうち排他律に従うのはフェルミ粒子だけである。

これまで我々は、原子は原子核と電子から出来ていて、原子核は陽子と中性子から……という風に教えられてきたが、電子・陽子・中性子が原子を構成するのではなく、電子・陽子・中性子だから原子を構成できるということになる。

逆に、ボース粒子である光子等は、排他律に従わずに、1つの物理状態に対して複数の粒子を収容できるので、原子が構成できない。実はこれが、光を「物質」とは呼べない理由であって、また元素の周期表がああいう形に配列されなければならない理由なのである。

2. 経路積分法（関連：第2章Ⅶ、第3章Ⅸ、Ⅹ）

マクロの世界では、古典力学による運動方程式によって、初期条件が分かっていれば物体の運動の様子を確定でき、どこをどういう風に動くか、という経路も同様に確定することができる。

これに対しミクロの世界では、これまで散々見てきたように、不確定性や確率解釈が物体の運動を支配するので、物体の運動の様子は不確定であり、経路などそもそも存在しないとする立場をとる。そのことは、電子の二重スリット実験からも明らかだ。

あの実験では、電子が観測されていないときは、波の性質を現し、2つのスリットを同時に通るが、観測されているときは粒子の性質を現し、どちらかのスリットしか通らない。この意味で、量子力学では「経路は存在しない」と考える。

だが、ファインマンの発明した**経路積分法**では経路の存在を仮定することができる。これは、電子は常に粒子だが、その都度存在し得るあらゆる経路を同時に通り、観測した時にだけ経路が1つに定まって1つの経路しか通らないのだと考える立場である。

これに従えば、量子力学の計算とは、無数の経路の合成のことであり、その結果は当然波動力学のそれと同値であるから、この方法によって標準的な波動力学から得られる結果が全て再現できる。

3. デルタ関数（関連：第3章Ⅷ）

第3章Ⅷの行列力学のところでは、

$$\delta_{ij}=\begin{cases}1 & (i=j)\\ 0 & (i\neq j)\end{cases}$$

をクロネッカーのデルタと呼び、単位行列の一般化であるという話をした。あのときは触れなかったが、実はクロネッカーのデルタの拡張として、次のようなものがある。

$$\delta(x)=\begin{cases}\infty & (x=0)\\ 0 & (x\neq 0)\end{cases} \tag{B.1}$$

クロネッカーのデルタは、iとjが同じのとき1で、違うとき0であったが、これはxが0のときの値は∞で、それ以外のときの値は0であるという関数で、**デルタ関数**と呼ばれている。これをグラフにすると、

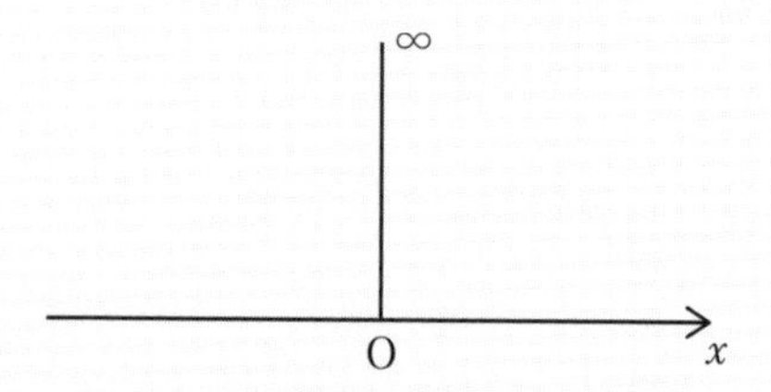

というような、たいへん尖った関数であることが分かる。

これはディラックによって提案されたもので、いくつかの性質を持っているが、その中でも特に重要な2つを紹介しておこう。

$$\delta(-x)=\delta(x) \tag{B.2}$$

$$\int_{-\infty}^{\infty}\delta(x)dx=1 \tag{B.3}$$

（B.2）は、デルタ関数が偶関数であること、（B.3）はデルタ関数を積分すると1になることを示している。そもそもこれが作られた理由は、普通の行列では離散的な値しか表現できない（それが飛び飛びの値を示したエネルギー量子等の表現にちょうど良かったのだが）ので、連続的な値（たとえば位置 x）を表現できるようにしたかったからだが、それだけではない。

流石ディラックの発明というだけあって、デルタ関数にはもう1つ重要なはたらきがある。（B.3）を一般化すると、

$$\int_{-\infty}^{\infty}f(x)\delta(x)dx=f(0) \tag{B.4}$$

になる（（B.3）は $f(x)=1$ とした場合である）ので、$\delta(x)$ に何ら

かの関数$f(x)$を掛けて積分すると、関数$f(x)$における$x=0$の値だけ抽出できる、ということである。

このように、デルタ関数は極めて特異な性質を多く保有しているので、数学的にはこれは「関数」ではなく**超関数**と呼ぶべきものであるが、物理学者はそんなことは気にしない。だから堂々と「デルタ関数」といっている。

4. 多粒子系：摂動論（関連：第3章IX）

これまでに扱ってきたのは全て粒子が1個の場合であったが、実際の問題では勿論そのような理想的なモデルばかりではなく、複数の粒子、つまり**多粒子系**の場合を考えなければならない。

ところが、多粒子系での困難は相当のもので、正確な解を求めることは不可能といって良いだろう。実は、原子の中で正確な解を出せるのは水素原子だけなのだ。

然し、正確な解は無理でも近似解を出すことはできる。近似解を求める方法は色々あるが、その中でも特に興味深いのが**摂動論**である。

摂動論の起源は天体力学にあって、地球の軌道を計算しようとしたのが始まりである。ケプラーの第1法則から分かるように、地球は太陽からの万有引力により、太陽を1つの焦点として楕円軌道上を運動する。然し惑星は地球だけではない。それぞれの惑星は、当然万有引力を互いに及ぼし合うため、地球の軌道に影響が出るのである。

そこで、次のように考える。先ず、ケプラーの法則に基づいて、太陽からの万有引力だけがかかっていると考えて、答えA_0を出しておく。次に他の惑星からの万有引力はA_0を乱す補正としてそれを近似的に計算し、補正項$\lambda A'$としてA_0に加えれば良い（但し$\lambda A'$は、A_0に比べて十分小さいものとする）。

これが摂動論という考え方である。ここで$\lambda A'$を摂動といい、このうちA'は他の惑星からの万有引力を表す補正であり、λは摂動の大きさ（次数）を表すパラメータである。

こうして、$\lambda A'$をできるだけ正確に決めれば（この項を正確に定めることは特別な場合を除けば、マクロでもミクロでも不可能である）、近似解としてAが得られるというわけだ。

これを量子力学に応用すると、$\widehat{H}$を

$$\widehat{H} = \widehat{H_0} + \lambda \widehat{H}' \tag{B.5}$$

という風に分解することになる（ここで$\widehat{H_0}$、$\lambda \widehat{H}'$の意味は先ほどの天体力学での説明のものと対応している）が、このとき$\widehat{H_0}$は摂動0のハミルトニアンだから、固有値問題

$$\widehat{H_0}\psi = E\psi$$

にしたときに、全てのψやEが完全に分かっていなくてはならない。

この方法を使えば、厳密に近い解を求めることができるが、粒子間に特別な相互作用（例えば縮退）が起きていたりする場合は、ま

たやり方を変えなくてはならない。

更に、扱う粒子が互いに違う場合（例えば電子と光子）なら良いのだが、同じものであった場合にも別の困難が起こる。何故なら、全ての量子は波であるから、全く同じ2つの粒子が近づいたときには波が重なってしまって、互いに区別できないからである。これを**粒子の不可弁別性**といい、これを解決するためにもやはり別の数学的技巧を必要とする。

5. スピノール（関連：第3章XII）

スピンを持つ粒子の波動関数は、スピンが上向きと下向きという2つの状態を持つので、上向きを＋、下向きを－として、

$$\psi = \begin{pmatrix} \psi_+ \\ \psi_- \end{pmatrix} \tag{B.6}$$

という形に表され、波動関数はψ_+、ψ_-を成分に持つベクトルとなる。

ここで、このスピンがスピン1（ボース粒子）であるなら、普通のベクトルと同様に扱って良いが、スピン$\frac{1}{2}$（フェルミ粒子）であるなら、2回転しないと元に戻らず、1回転では符号が反転してしまう（問16参照）ため、これをベクトルとは呼べない。そこで、このように2回転しないと元に戻らない成分を2つ持つものを、スピン（spin）とベクトル（vector）を掛け合わせて**スピノール**（spinor）という（但し、2回転で元に戻ること以外はベクトルと性質はほとんど同じである）。

スピン$\frac{1}{2}$を持っている粒子（自由粒子）の状態は、瞬間的には2つの状態ベクトル$\left|r,\ +\frac{1}{2}\right\rangle$、$\left|r,\ -\frac{1}{2}\right\rangle$の重ね合わせだから、スピノールの$\psi$は、ブラ・ケット記法を用いて、

$$\psi = \begin{pmatrix} \left\langle r,\ +\frac{1}{2} \middle| \psi \right\rangle \\ \left\langle r,\ -\frac{1}{2} \middle| \psi \right\rangle \end{pmatrix} \tag{B.7}$$

と表される。

6. ウィグナーの友人（関連：第４章ＸＶ）

ウィグナーの友人というのは、シュレーディンガーの猫の問題の変形で、やっていることは同じなのだが、問題が少し違う。ここで問題なのは、この実験においては一体何が「観測」なのか、ということである。この実験では、猫を友人に変える。

ここでは観測者である人間を実験器具の一部とみなすが、そうすると何が「観測」で何か「観測」でないのかが分からなくなる。

さて、猫を友人に変える以上、人殺しはまずいので、毒ガスをやめてランプにする。励起状態にある放射線アイソトープが基底状態に遷移すれば電磁波（光）を放出するので検出器に電流が流れてランプが点き、遷移しなければ放出が起こらないので電流も流れず、ランプは点かない。

このとき、実験者である**ユージン・ポール・ウィグナー**は遠く離れた所にいるので電話をかけて実験の結果を確かめる。

「ランプは点いたかね？」

ここでシュレーディンガーの猫とは異なるジレンマが持ち上がる。測定により波動関数の収縮が起きて状態が確定したのはいつだろうか。もっというと、状態を確定させるための観測が行なわれたのはいつだろうか。

それはウィグナーが友人に電話をかけて、ウィグナーが実験結果を知ったときだろうか？ 或いは、友人がランプを見て、実験結果を見たときだろうか？

一見後者に見えるが、シュレーディンガーの猫でいうと友人は猫のことなので、友人が実験結果を見たときだ、というならそれは、シュレーディンガーやアインシュタインの側に立つことになる。

だが、前者だとしてもおかしいことになる。ランプを見た友人、即ち観測者がランプが点いたのを確認したにも関わらず、シュレーディンガーの猫の論理でいくとウィグナーの方は、電話をかけるまでランプは点いていないことになるからだ。友人からすれば自分が観測者だが、ウィグナーからすれば彼が観測者で友人は実験器具の一つである。

この実験では、ウィグナーが友人に電話をかけることが観測なのか、または友人がランプを見ることが観測なのかという疑問が生じ、一意的にどちらなのかを決定しなくては答えは出ない。

多世界解釈で考えると、やはりランプが点いた世界と点かなかった世界に分裂することになり、点いた世界の友人が点いたことを、点かなかった世界の友人が点かなかったことを、それぞれの世界のウィグナーに報告することになるので、合理的である。何故なら、これを認めないとすると、誰もが意志を持った観測者なのか、波動関数の収縮に何故彼らが関係するのかという問題が出てくるからである。

猫は収縮が分からず何故友人は分かるのか。では猿やネアンデルタール人なら、はたまたカメラならどうか。そもそも、宇宙論的スケールで考えたときに、このように観測をするとかしないとかいう問題を議論する生物が出てきたのはつい最近のことであるはずだ。何故人間だけが観測者になり得るのか。

多世界解釈を否定するならば、これらの答えられそうもない問いに答えなくてはならない。実はこれは、波動関数の収縮は人間の意識下で起こる錯覚で、収縮は起こらないというフォン＝ノイマンの仮説を否定する思考実験だったのだ。

7. クライン＝仁科の公式（関連：第５章ⅩⅦ）

コンプトン散乱の最後に少し触れたが、自由電子のコンプトン散乱による電磁波の散乱断面積σを与える式として、**クライン＝仁科の公式**というものがあり、それは

$$\sigma = 2\pi {r_0}^2 \left[\frac{1+\gamma}{\gamma^3} \left\{ \frac{2\gamma(1+\gamma)}{1+2\gamma} - \log(1+2\gamma) \right\} + \frac{1}{2\gamma}\log(1+2\gamma) - \frac{1+3\gamma}{(1+2\gamma)^2} \right] \quad \text{(B.8)}$$

という複雑な形をしている。これはクライン＝ゴルドン方程式やク

ラインの逆理に出てきたオスカル・クラインと日本の**仁科芳雄**がディラック方程式を用いて導出した（二人ともたいへん優秀な物理学者だったが、導出は二人がかりでやっても1ヵ月かかったそうである）。ここで、r_0は古典的な電子半径で、γは入射する光子のエネルギーを電子の静止エネルギーで割った変数で、

$$\gamma \equiv \frac{h\nu}{m_e c^2} \tag{B.9}$$

である。ここで、コンプトン散乱は短波長の光によるものであるから、勿論長波長、つまり$\gamma \to 0$とすればこの公式はトムソン散乱に対する式となる。

この式以前にも散乱断面積を与える式はJ.J.トムソンによって示されていたが、コンプトン効果は相対論的記述を必要とするため、ディラック方程式が出る前に正確な式を示すことはできなかった。この式が実験とたいへん良く合ったので、陽電子の発見以前でもクラインの逆理を退けてディラック方程式は数式としての優位性を保っていられたのである。

8．第2量子化・場の量子論（関連：第5章XⅦ）

量子力学と相対論の完全な統一を考えるには、ディラック方程式だけでは不十分である。まず、エネルギーと時間の不確定性原理、

$$\Delta E \Delta t \gtrsim \hbar$$

より、Δtという時間の間には、

$$\Delta E \approx \frac{\hbar}{\Delta t} \tag{B.10}$$

だけ微妙なエネルギーのゆらぎがあることになる。一方、特殊相対論からすれば、エネルギーと質量は等価であるから、エネルギーのゆらぎは質量のゆらぎ、つまり粒子のゆらぎと考えることができ、量子力学と相対論が両方作用する空間では、**粒子の生成・消滅**が繰り返されることが示唆される。

然しこれまでの量子力学では、確率解釈によって粒子数を一定にしてしまっているので、この現象は説明できない。よって、粒子数保存の量子力学を、粒子の生成・消滅を記述できるように拡張する必要がある。そのためには、粒子単位での記述はもはや意味をなさないので、空間単位で記述しなくてはならない。空間とは無限大の点の集合体だが、これを量子力学で記述する（量子化する）ということは、その無限の点のそれぞれに二重性を与えることと等しい。

こうした空間が**場**である。即ちこれまでは、粒子のように1個、2個と数えられる離散的なものを量子化してきたが、今回は場を量子化することになるので、空間のように連続的なものを量子化する必要性から、波動関数自体が演算子の形式になり、

$$\psi\psi^* - \psi^*\psi = 1 \tag{B.11}$$

というような交換関係が生じることになる。

このように波動関数自体を量子化することを**第2量子化**といい、これまでの x,p や E,t の量子化を**第1量子化**という。このような形で新たな量子力学を構築する分野が、現在も未完成な**場の量子論**である。

補遺C

参考文献

※それぞれ年代順に配列している。
※＊は脱稿後の修正で新しく用いた参考文献。

■全体の参考・引用文献

1. D. ボーム『量子論』高林武彦、井上健、河辺六男、後藤邦夫訳、みすず書房、1964.5
2. 朝永振一郎『量子力学〔第2版〕』Ⅰ・Ⅱ巻、1969.12（Ⅰ）、1997.3（Ⅱ）
3. L.I. シッフ『新版 量子力学』（物理学叢書2、9）、井上健訳、上・下巻、吉岡書店、1970.5（上）、1972.8（下）
4. 天野清『量子力学史』（自然選書）、中央公論社、1973.10
5. R.P. ファインマン、R.B. レイトン、M. サンズ『ファインマン物理学Ⅴ 量子力学』砂川重信訳、岩波書店、1979.3
6. 後藤憲一他編『詳解理論応用量子力学演習』共立出版、1982.9
7. 中嶋貞雄『量子力学』（物理入門コース5、6）Ⅰ・Ⅱ巻、岩波書店、1983.4（Ⅰ）、1984.4（Ⅱ）
8. J.J. サクライ『現代の量子力学』（物理学叢書54、57）、桜井明夫訳、上・下巻、吉岡書店、1989.2（上）、1989.5（下）
9. 小出昭一郎『量子論（改訂版）』（基礎物理学選書2）、裳華房、1990.3
10. 小出昭一郎『量子力学（改訂版）』（基礎物理学選書5A、5B）Ⅰ・Ⅱ巻、裳華房、1990.10（Ⅰ・Ⅱ）
11. 並木美喜雄『量子力学入門』（岩波新書）、岩波書店、1992.1
12. 砂川重信『量子力学の考え方』（物理の考え方4）、岩波書店、1993.7
13. 猪木慶治、川合光『量子力学Ⅰ』（講談社サイエンティフィク）、講談社、1994.2
14. 長倉三郎他編『岩波理化学辞典 第5版』岩波書店、1998.2
15. 佐藤勝彦監修『「量子論」を楽しむ本』（PHP文庫）、PHP研究所、2000.4
16. 小暮陽三『なっとくする演習・量子力学』（講談社サイエンティフィク・なっとくシリーズ）、講談社、2000.12
17. 竹内薫『ゼロから学ぶ量子力学』（講談社サイエンティフィク・ゼロから学ぶシリーズ）、講談社、2001.4
18. 高林武彦『量子論の発展史』（ちくま学芸文庫）、筑摩書房、2002.5
19. 長岡洋介『量子力学の考え方』（岩波講座 物理の世界）、岩波書店、2002.7
20. A.Isaacs“A dictionary of Physics FOURTH EDITION”Oxford University Press,2003.4
21. 山田克哉『量子力学のからくり』（講談社ブルーバックス）、講談社、2003.12
22. 清水明『新版 量子論の基礎』（新物理学ライブラリ 別巻2）、サイエンス社、2004.4

23. 竹内薫『「ファインマン物理学」を読む』（講談社サイエンティフィク）、講談社、2004.5
24. 岸野正剛『今日から使える量子力学』（講談社サイエンティフィク・今日から使えるシリーズ）、講談社、2006.12
25. 猪木慶治、川合光『基礎 量子力学』（講談社サイエンティフィク）、講談社、2007.10
26. 佐藤勝彦監修『［図解］量子論がみるみるわかる本（愛蔵版）』PHP 研究所、2009.3
27. W.H. クロッパー『物理学天才列伝 下』（講談社ブルーバックス）、水谷淳訳、講談社、2009.12
28. R.P. クリース『世界でもっとも美しい 10 の物理方程式』吉田三知世訳、日経 BP 社、2010.4
29. 長沼伸一郎『物理数学の直観的方法（普及版）』（講談社ブルーバックス）、講談社、2011.9
30. W. グライナー『量子力学概論』（Springer University Text books）、伊藤伸泰、早野龍五監訳、川島直輝他訳、丸善出版、2012.1
31.* 佐川弘幸、清水克多郎『量子力学　第 2 版』（物理学スーパーラーニングシリーズ）、丸善出版、2012.1
32. 林光男『完全独習量子力学』（講談社サイエンティフィク）、講談社、2013.1
33. M. クマール『量子革命』、青木薫訳、新潮社、2013.3
34. 土屋賢一『ベーシック 量子論』、裳華房、2013.8
35. K. フォード『量子的世界像 101 の新知識』（講談社ブルーバックス）、青木薫監訳、塩原通緒訳、講談社、2014.3
36. L.M. レーダーマン、C.T. ヒル『詩人のための量子力学』吉田三知世訳、白揚社、2014.6

■第 0 章～第 2 章の参考・引用文献

37. M. ボルン『現代物理学』鈴木良治、金関義則訳、みすず書房、1964.4
38. R.P. ファインマン、R.B. レイトン、M. サンズ『ファインマン物理学Ⅰ 力学』坪井忠二訳、岩波書店、1967.6
39. L. ド・ブロイ『物質と光』（岩波文庫）河野与一訳、岩波書店、1972.2
40. 片山泰久『現代物理入門』（講談社学術文庫）、講談社、1976.6
41. 朝永振一郎『量子力学と私』（岩波文庫）、岩波書店、1997.1
42. L.M. レーダーマン『神が作った究極の素粒子（上）』、高橋健次訳、草思社、1997.10
43. 佐藤勝彦監修『量子論』（図解雑学）、ナツメ社、1999.2

44. 小川邦康、大矢浩史監修『化学のしくみ』（図解雑学）、ナツメ社、2001.10
45. 和田純夫、大上雅史、根本和昭『単位がわかると物理がわかる』ベレ出版、2002.12
46. 志村史夫『こわくない物理学』（新潮文庫）、新潮社、2005.7
47. 和田純夫『アインシュタイン 26 歳の奇蹟の三大業績』ベレ出版、2005.9
48. R.P. クリース『世界でもっとも美しい 10 の科学実験』青木薫訳、日経 BP 社、2006.9
49. 木下康彦、木村靖二、吉田寅編『改訂版 詳説世界史研究』山川出版社、2008.3
50. 須藤靖『解析力学・量子論』東京大学出版会、2008.9
51. S. ヴァーマ『ゆかいな理科年表』（ちくま学芸文庫）、安原和見訳、筑摩書房、2008.11
52. 竹内淳『高校数学でわかるボルツマンの原理』（講談社ブルーバックス）、講談社、2008.11
53. I. アシモフ『化学の歴史』（ちくま学芸文庫）、玉虫文一、竹内敬人訳、筑摩書房、2010.3
54. E. シュレーディンガー『自然とギリシャ人・科学と人間性』（ちくま学芸文庫）、水谷淳訳、筑摩書房、2014.7

■第 3 章の参考・引用文献

55. L.V. ランダウ、E.M. リフシッツ『量子力学 1 ＝ 非相対論的理論 ＝』（ランダウ ＝ リフシッツ理論物理学教程）、佐々木健、好村滋洋訳、東京図書、1967.7
56. W. ハイゼンベルク『部分と全体』湯川秀樹序、山崎和夫訳、みすず書房、1974.7
57. I. アシモフ『地球から宇宙へ』（アシモフの科学エッセイ〈2〉、ハヤカワ文庫 NF）、山高昭訳、早川書房、1978.6
58. H.S. グリーン『ハイゼンベルク形式による量子力学』、中川昌美訳、講談社、1980.3
59. 阿部龍蔵『量子力学入門』（物理テキストシリーズ 6）、岩波書店、1980.5
60. J.C. ポーキングホーン『量子力学の考え方』（講談社ブルーバックス）、宮崎忠訳、講談社、1987.7
61. 表実『複素関数』（理工系の数学入門コース 5）、岩波書店、1988.12
62. 戸田盛和、浅野功義『行列と 1 次変換』（理工系の数学入門コース 2）、岩波書店、1989.7
63. 三宅敏恒『入門 線形代数』培風館、1991.1
64. 中嶋貞雄、吉岡大二郎『例解 量子力学演習』（物理入門コース / 演習 3）、岩波書店、1991.2
65. 小出昭一郎『ハイゼンベルク』（人と思想 98）、清水書院、1991.6
66. 和田純夫『量子力学のききどころ』（物理講義のききどころ 3）、岩波書店、1995.3
67. 矢沢サイエンスオフィス編『大科学論争』学習研究社、1998.12

68. N. ボーア『因果性と相補性』(ニールス・ボーア論文集 1、岩波文庫)、岩波書店、1999.4
69. N. ボーア『量子力学の誕生』(ニールス・ボーア論文集 2、岩波文庫)、岩波書店、2000.4
70. 竹内薫『アインシュタインとファインマンの理論を学ぶ本［増補版］』、工学社、2000.11
71. 岡崎誠、藤原毅夫『演習 量子力学［新訂版］』(セミナーライブラリ 物理学 =4)、サイエンス社、2002.3
72. 都筑卓司『新装版 不確定性原理』(講談社ブルーバックス)、講談社、2002.9
73.* 小野寺嘉孝『演習で学ぶ　量子力学』(裳華房フィジックスライブラリー)、裳華房、2002.11
74. 長澤正雄『シュレーディンガーのジレンマと夢』森北出版、2003.5
75. 竹内淳『高校数学でわかるシュレーディンガー方程式』(講談社ブルーバックス)、講談社、2005.3
76. 石井茂『ハイゼンベルクの顕微鏡』日経 BP 社、2006.1
77. 江川博康『弱点克服 大学生の線形代数』東京図書、2006.12
78. チャート研究所編『改訂版 チャート式 基礎からの数学 C』(青チャート)、数研出版、2008.4
79. 大槻義彦、大場一郎編『新・物理学事典』(講談社ブルーバックス)、講談社、2009.6
80. シンキロウ『32 ページの量子力学入門』暗黒通信団、2010.8
81. 竹内淳『高校数学でわかる線形代数』(講談社ブルーバックス)、講談社、2010.11
82. 鈴木克彦『シュレーディンガー方程式』(フロー式物理演習シリーズ 19)、共立出版、2013.10

■第 4 章の参考・引用文献

83. 湯川秀樹、井上健編『現代の科学 II』(世界の名著 66)、中央公論社、1970.6
84. 外村彰『ゲージ場を見る』(講談社ブルーバックス)、講談社、1997.3
85. A.D. アクゼル『量子のからみあう宇宙』水谷淳訳、早川書房、2004.8
86. 竹内薫『図解入門 よくわかる最新量子論の基本と仕組み』秀和システム、2006.11
87. C. ブルース『量子力学の解釈問題』(講談社ブルーバックス)、和田純夫訳、講談社、2008.5
88. 森田邦久『量子力学の哲学』(講談社現代新書)、講談社、2011.9
89 竹内薫『闘う物理学者 !』(中公文庫)、中央公論新社、2012.8

90.* 森田邦久『アインシュタイン vs. 量子力学』、化学同人、2015.1

■第5章の参考・引用文献

91. 西島和彦『相対論的量子力学』（新物理学シリーズ13）、培風館、1973.4
92. 中西襄『相対論的量子論』（講談社ブルーバックス）、講談社、1981.8
93. 二間瀬敏史『重力と一般相対性理論』（図解雑学）、ナツメ社、1999.12
94. 富永裕久『左と右の科学』（図解雑学）、ナツメ社、2001.5
95. 竹内薫『超ひも理論とはなにか』（講談社ブルーバックス）、講談社、2004.5
96. 竹内薫『ループ量子重力入門』工学社、2005.7
97. 竹内薫『量子重力理論とはなにか』（講談社ブルーバックス）、講談社、2010.3
98. 吉田伸夫『明解 量子重力理論入門』（講談社サイエンティフィク）、講談社、2011.8
99. 大栗博司『重力とは何か』（幻冬舎新書）、幻冬舎、2012.5
100. 川村嘉春『相対論的量子力学』（量子力学選書）、裳華房、2012.10
101. 大栗博司『大栗先生の超弦理論入門』（講談社ブルーバックス）、講談社、2013.8
102. 福江純『完全独習 現代の宇宙論』（講談社サイエンティフィク）、講談社、2013.10
103. L.M. クラウス『宇宙が始まる前には何があったのか？』青木薫訳、文藝春秋、2013.11

■第6章の参考・引用文献

104. 竹内繁樹『量子コンピュータ』（講談社ブルーバックス）、講談社、2005.2
105. 夏海誠、二間瀬敏史『よくわかる量子力学』（図解雑学）、ナツメ社、2007.6
106. 宮原健次郎、古澤明『量子コンピュータ入門』日本評論社、2008.3
107. 古澤明『量子テレポーテーション』（講談社ブルーバックス）、講談社、2009.8
108. G. ジョンソン『量子コンピュータとは何か』（数理を愉しむシリーズ、ハヤカワ文庫NF）、水谷淳訳、早川書房、2009.12
109. 二宮正夫編『現代物理学の世界』（講談社基礎物理学シリーズ11、講談社サイエンティフィク）、講談社、2010.4

■参考・引用したwebサイト

110.「日本語版Wikipedia」（ja.wikipedia.org）
111.「英語版Wikipedia」（en.wikipedia.org）
112.「日本語版Wikisource」（ja.wikisource.org）
113.「EMANの物理学」（eman-physics.net）

索引

さ

た

な

は

ま

著者略歴

近藤龍一（こんどう・りゅういち）

2001年生まれ。
幼いころから本好きであり、あらゆる学問分野に興味を示し、貪欲に知識を吸収してきた。科学については、本人も知らぬうちにある程度の知識と興味があったが、9歳のとき、本格的に理論物理の独学を開始する。この頃、量子力学の存在を知り、その世界観に感銘を受ける。そして、10歳の頃から数式レベルの理解を目指して、物理数学の独学を始め、11歳のとき、自分なりの本を書いてみたいと思うようになる。
12歳のとき、本書の執筆を開始し、完成させる。
その後は場の量子論の研究を始める。
2018年、孫正義育英財団2期生に選出される。

12歳の少年が書いた　量子力学の教科書

2017年7月25日	初版発行
2025年1月23日	第11刷発行
著者	近藤 龍一（こんどう りゅういち）
カバーデザイン	井上 新八
装画	藤田 翔
図版・DTP	あおく企画
発行者	内田 真介
発行・発売	ベレ出版 〒162-0832　東京都新宿区岩戸町12 レベッカビル TEL.03-5225-4790 FAX.03-5225-4795 ホームページ　https://www.beret.co.jp/
印刷	三松堂株式会社
製本	根本製本株式会社

ISBN 978-4-86064-513-7 C0042　　編集担当　坂東一郎